機械の材料学入門

工学博士 吉 岡 正 人
工学博士 岡 田 勝 蔵
博士(工学) 中 山 栄 浩
共 著

コロナ社

まえがき

　本書は，筆者らが奉職している大学の工学部機械システム工学科の2，3年次の学生に，1年半にわたって行っている「材料の科学」の講義テキストをもとにまとめたものである。

　世の中には，すでに非常に多くの優れた材料学に関する教科書や参考書が刊行されており，筆者らもこれらの書物から多くのことを学び，吸収してきた。これらは，本書の巻末に参考文献として掲載した。いずれも大変な労作ではあるが，多くは材料学を専攻する研究者によって書かれ，またその読者層もいわゆる材料分野の学生を対象としているため，機械系の学生が材料を選定し，使用する立場から見るとやや専門的に過ぎるきらいがあった。そのため，筆者らが機械系の学生を対象とした講義のテキストとして利用する場合，内容を取捨選択して解説せざるをえないことを数多く経験してきた。とりわけ，限られた時間の中でなるべく多くの材料について解説しようとすれば，それぞれについての説明はどうしても皮相的，羅列的にならざるをえない。逆に，ある項目を詳細に説明しようとすると，多くの有用な材料についての説明を割愛せざるをえないというジレンマに遭遇する。さまざまな試行錯誤の結果，筆者らのたどりついた結論は以下のようなものであった。

　機械系の学生が材料学を学ぶ目的は，目的とする機械部品に適した材料を選定し，設計の意図を満足する方法を選んで適切な加工を行うことである。さらに，上記のプロセス中に，機械部品としての必要な強度を維持する，という要請が付加されることが圧倒的に多い。したがって，機械系の学生にとっては，材料の性質，とりわけ強度などの機械的性質の本質を理解し，必要に応じてその材料に適した加工や熱処理などの処置を行えることが，数多くの材料を網羅的に学ぶことよりはるかに重要であろう。

　そのような観点から，本書では，個々の材料の各論的解説は全体の3分の1

程度にとどめ，材料学に関する基礎的理解を深めることにより多くのウェイトを置いた構成となっている。第1章では，材料の性質にかかわる基礎的事項について述べ，第2章では，材料の変形，加工，熱処理など，主として機械的性質にかかわる処理法とその意味をやや詳しく解説した。最後の第3章で，各種材料の性質，用途などについて述べている。ここでは，それぞれの材料を，なるべく第1，2章で学んだ基本的事項と関連させて理解することができるように配慮した。

　はじめに述べたように，本書は1年半の講義のテキストとして用いることを念頭に置いているため，それぞれの章は半年分の講義内容に相当し，各節が1回分の講義内容にあたるようになっている。学生の理解を助けるため，節ごとに演習問題を設けた。

　このような意図にもかかわらず，筆者らの浅学のゆえ，本書がそれを十分に満足する内容となっているかどうかは，はなはだ心許ない。多くの方からのご指摘，ご意見をいただけるならば大変ありがたく，これに勝る喜びはない。

　最後に，執筆中たえず激励していただいたコロナ社に厚くお礼申し上げる。

2001年7月

著者代表　吉岡　正人

目　　次

1. 材料の性質

1.1 原子の構造 …………………………………………………………… 1
　1.1.1 原子核 …………………………………………………………… 1
　1.1.2 原子内の電子構造 ……………………………………………… 2
　1.1.3 電子構造と化学的性質 ………………………………………… 4
　演習問題 ……………………………………………………………… 5
1.2 原子の結合 …………………………………………………………… 5
　1.2.1 原子間力 ………………………………………………………… 5
　1.2.2 原子結合の種類 ………………………………………………… 7
　演習問題 ……………………………………………………………… 10
1.3 簡単な結晶学 ………………………………………………………… 11
　1.3.1 原子の配列 ……………………………………………………… 11
　1.3.2 結晶面と結晶方向の指数 ……………………………………… 11
　1.3.3 結晶構造の解析 ………………………………………………… 13
　演習問題 ……………………………………………………………… 14
1.4 金属の結晶構造 ……………………………………………………… 15
　1.4.1 金属の性質 ……………………………………………………… 15
　1.4.2 金属の結晶構造 ………………………………………………… 16
　1.4.3 原子配列の差異 ………………………………………………… 18
　演習問題 ……………………………………………………………… 20
1.5 金属の格子欠陥 ……………………………………………………… 20
　1.5.1 点欠陥 …………………………………………………………… 20
　1.5.2 線欠陥 …………………………………………………………… 21
　1.5.3 面欠陥 …………………………………………………………… 22
　1.5.4 体欠陥 …………………………………………………………… 23
　演習問題 ……………………………………………………………… 24

1.6 合金の種類 ……………………………………………………… 24
1.6.1 固溶体 ……………………………………………………… 24
1.6.2 規則格子 …………………………………………………… 25
1.6.3 ヒューム-ロザリーの経験則 ……………………………… 25
1.6.4 金属間化合物 ……………………………………………… 26
演習問題 …………………………………………………………… 27

1.7 1成分系の相平衡 ……………………………………………… 28
1.7.1 相律 …………………………………………………………… 28
1.7.2 平衡状態図 ……………………………………………………… 28
1.7.3 金属の変態 …………………………………………………… 29
1.7.4 純金属の凝固 ………………………………………………… 30
演習問題 …………………………………………………………… 31

1.8 固溶体の自由エネルギー ……………………………………… 32
1.8.1 自由エネルギー ……………………………………………… 32
1.8.2 固溶体の内部エネルギー …………………………………… 33
1.8.3 固溶体のエントロピー ……………………………………… 35
1.8.4 固溶体の自由エネルギー …………………………………… 36
演習問題 …………………………………………………………… 37

1.9 自由エネルギー曲線と平衡状態図 …………………………… 37
1.9.1 混合物の自由エネルギー …………………………………… 37
1.9.2 合金の安定状態 ……………………………………………… 38
1.9.3 全率固溶する場合 …………………………………………… 39
演習問題 …………………………………………………………… 40

1.10 二元平衡状態図(1)―全率固溶型状態図― ………………… 41
1.10.1 合金組成の表し方 …………………………………………… 41
1.10.2 てこの法則 …………………………………………………… 41
1.10.3 全率固溶型状態図 …………………………………………… 42
1.10.4 帯域溶融法 …………………………………………………… 43
1.10.5 有心組織 ……………………………………………………… 44
演習問題 …………………………………………………………… 45

1.11 二元平衡状態図(2)―共晶反応型状態図― ………………… 45
1.11.1 固相で一部分を固溶する場合 ……………………………… 46

目次　v

 1.11.2　共晶と可鋳性 …………………………………………………… 47
 1.11.3　共晶と低融点 …………………………………………………… 49
 演習問題 ………………………………………………………………… 50
1.12　二元平衡状態図（3）―包晶型，偏晶型および中間相生成型状態図― …… 50
 1.12.1　包晶型状態図 …………………………………………………… 50
 1.12.2　偏晶型状態図 …………………………………………………… 52
 1.12.3　中間相生成型状態図 …………………………………………… 53
 1.12.4　共　　析 ………………………………………………………… 53
 演習問題 ………………………………………………………………… 54
1.13　結晶内原子の拡散 ……………………………………………………… 54
 1.13.1　拡散の機構 ……………………………………………………… 54
 1.13.2　Fick の法則 ……………………………………………………… 55
 1.13.3　粒 界 拡 散 ………………………………………………………… 57
 演習問題 ………………………………………………………………… 58
1.14　固体反応による合金強化法―固体からの析出理論― ……………… 58
 1.14.1　核の形成速度 …………………………………………………… 60
 1.14.2　核の成長速度 …………………………………………………… 61
 1.14.3　核の変態速度 …………………………………………………… 62
 演習問題 ………………………………………………………………… 62

2．材料の強度

2.1　材料の変形と加工 ………………………………………………………… 63
 2.1.1　応力-ひずみ関係 ………………………………………………… 63
 2.1.2　加工硬化と回復・再結晶 ………………………………………… 65
 2.1.3　材料のもろさ ……………………………………………………… 66
 演習問題 ………………………………………………………………… 67
2.2　熱　　処　　理 …………………………………………………………… 67
 2.2.1　焼鈍と焼準 ………………………………………………………… 67
 2.2.2　焼入れと焼戻し …………………………………………………… 68
 2.2.3　熱処理の実例 ……………………………………………………… 69
 演習問題 ………………………………………………………………… 71

2.3 材料の強度測定 …… 72
- 2.3.1 変形に対する抵抗 …… 72
- 2.3.2 破壊に対する抵抗 …… 74
- 演習問題 …… 76

2.4 材料のマクロ強度とミクロ強度 …… 76
- 2.4.1 塑性変形に伴う原子配列の変化 …… 76
- 2.4.2 結晶のすべり …… 77
- 2.4.3 臨界せん断応力 …… 78
- 2.4.4 転位の概念の導入 …… 80
- 演習問題 …… 81

2.5 転位論(1)―転位の定義― …… 81
- 2.5.1 すべりと転位の関係 …… 81
- 2.5.2 刃状転位とらせん転位 …… 81
- 2.5.3 転位の一般的定義 …… 84
- 演習問題 …… 85

2.6 転位論(2)―転位と力― …… 86
- 2.6.1 転位に働く力 …… 86
- 2.6.2 転位の運動 …… 87
- 2.6.3 転位のまわりの応力場 …… 88
- 演習問題 …… 90

2.7 転位論(3)―転位の相互作用― …… 90
- 2.7.1 転位の相互作用 …… 90
- 2.7.2 不動転位 …… 91
- 2.7.3 転位の増殖 …… 93
- 演習問題 …… 94

2.8 材料の強化法(1)―加工硬化および固溶強化― …… 94
- 2.8.1 加工硬化の過程 …… 94
- 2.8.2 回復と再結晶 …… 97
- 2.8.3 固溶強化 …… 98
- 演習問題 …… 99

2.9 材料の強化法(2)―マルテンサイトによる強化― …… 99

2.9.1	マルテンサイト変態	99
2.9.2	マルテンサイト変態による硬化の機構	100
2.9.3	炭素量の影響	102
	演習問題	104

2.10 材料の強化法（3）—恒温変態処理— ……104

2.10.1	鉄鋼の連続冷却曲線	104
2.10.2	鋼の恒温変態	105
2.10.3	恒温変態組織	107
	演習問題	108

2.11 材料の強化法（4）—時効処理— ……108

2.11.1	時効硬化	108
2.11.2	時効処理による硬化の機構	109
2.11.3	時効硬化の実例	111
	演習問題	112

2.12 材料の強化法（5）—表面硬化法— ……112

2.12.1	表面硬化法の必要性	112
2.12.2	表面硬化の方法	112
	演習問題	115

2.13 材料の耐食性，耐熱性 ……115

2.13.1	材料の腐食	115
2.13.2	耐食性を向上させる方法	117
2.13.3	金属の耐熱性	118
	演習問題	119

2.14 材料設計 ……120

2.14.1	価電子濃度の方法	120
2.14.2	電子空孔数 N_v, $\bar{N}_v$ の方法	121
2.14.3	d 電子合金設計法	121
	演習問題	123

3. 機械の材料

3.1 鉄鋼の製造法と組織 ……124

- 3.1.1 鉄鋼の精錬 …………………………………… 124
- 3.1.2 鋼塊 …………………………………… 125
- 3.1.3 炭素鋼の組織 …………………………………… 126
- 演習問題 …………………………………… 128

3.2 炭素鋼の熱処理・塑性加工・用途 …………………………………… 128
- 3.2.1 炭素鋼の熱処理 …………………………………… 128
- 3.2.2 炭素鋼の塑性加工 …………………………………… 131
- 3.2.3 炭素鋼の用途 …………………………………… 132
- 演習問題 …………………………………… 133

3.3 合金元素の影響 …………………………………… 133
- 3.3.1 状態図（組織）に与える影響 …………………………………… 133
- 3.3.2 焼入れ性に与える影響 …………………………………… 134
- 3.3.3 炭化物形成に与える影響 …………………………………… 137
- 3.3.4 鋼の機械的性質に与える影響 …………………………………… 137
- 演習問題 …………………………………… 137

3.4 合金鋼の種類と用途 …………………………………… 138
- 3.4.1 低合金鋼 …………………………………… 138
- 3.4.2 高合金鋼 …………………………………… 139
- 3.4.3 磁性材料 …………………………………… 141
- 演習問題 …………………………………… 142

3.5 鋳鉄 …………………………………… 142
- 3.5.1 鋳鉄の組織 …………………………………… 142
- 3.5.2 鋳鉄の性質 …………………………………… 144
- 3.5.3 鋳鉄の強靱化 …………………………………… 145
- 演習問題 …………………………………… 147

3.6 アルミニウム合金(1) …………………………………… 147
- 3.6.1 アルミニウムおよびその合金の特徴 …………………………………… 147
- 3.6.2 アルミニウム合金の分類 …………………………………… 149
- 演習問題 …………………………………… 152

3.7 アルミニウム合金(2) …………………………………… 152
- 3.7.1 展伸用アルミニウム合金 …………………………………… 152
- 演習問題 …………………………………… 157

3.8 アルミニウム合金(3) ……………………………………………… *157*
3.8.1 鋳造用アルミニウム合金 ……………………………………… *157*
3.8.2 ダイカスト用アルミニウム合金 ……………………………… *160*
3.8.3 選択の指針 ……………………………………………………… *161*
3.8.4 リサイクル ……………………………………………………… *162*
演習問題 ………………………………………………………………… *163*

3.9 銅 合 金(1) …………………………………………………… *163*
3.9.1 銅合金の特徴 …………………………………………………… *163*
3.9.2 純銅および銅合金の種類 ……………………………………… *165*
演習問題 ………………………………………………………………… *169*

3.10 銅 合 金(2) …………………………………………………… *169*
3.10.1 その他の銅合金 ………………………………………………… *169*
3.10.2 銅合金の分類 …………………………………………………… *172*
3.10.3 選択の指針 ……………………………………………………… *174*
演習問題 ………………………………………………………………… *174*

3.11 その他の金属材料 ……………………………………………… *174*
3.11.1 マグネシウム合金 ……………………………………………… *174*
3.11.2 チタン合金 ……………………………………………………… *175*
3.11.3 ニッケル合金 …………………………………………………… *177*
3.11.4 低溶融金属 ……………………………………………………… *177*
3.11.5 焼結合金 ………………………………………………………… *178*
演習問題 ………………………………………………………………… *179*

3.12 新 金 属 ……………………………………………………… *179*
3.12.1 形状記憶合金・超弾性合金 …………………………………… *179*
3.12.2 水素吸蔵合金 …………………………………………………… *181*
3.12.3 超塑性合金 ……………………………………………………… *183*
3.12.4 アモルファス合金 ……………………………………………… *184*
3.12.5 金属間化合物 …………………………………………………… *184*
演習問題 ………………………………………………………………… *184*

3.13 高分子材料 ……………………………………………………… *185*
3.13.1 熱可塑性プラスチック ………………………………………… *185*
3.13.2 工業用熱可塑性プラスチック(エンプラ) ………………… *187*

3.13.3　熱硬化性プラスチック …………………………………… *188*
　　演習問題 ……………………………………………………………… *189*
3.14　セラミックス ……………………………………………………… *190*
　3.14.1　セラミックスの分類 …………………………………………… *190*
　3.14.2　セラミックスの結晶構造 ……………………………………… *191*
　3.14.3　セラミックスの機械的性質 …………………………………… *193*
　演習問題 ………………………………………………………………… *194*

参 考 文 献 ………………………………………………………………… *195*
演習問題の解答 …………………………………………………………… *196*
索　　　引 ………………………………………………………………… *201*

1. 材料の性質

1.1 原子の構造

1.1.1 原 子 核

原子は原子核（atomic nucleus）とそれを取り巻くいくつかの電子を含んでいる。図1.1は原子模型である。原子核は陽子と中性子で構成されている。陽子と中性子の質量はどちらも電子の1 837倍であるため，原子の質量は原子核で決まる。しかし，原子核の大きさは原子の大きさに比べて極めて小さく，$10^{-3} \sim 10^{-4}$倍である。陽子と電子の電荷は等量であるが，陽子は正，電子は負の符号になる。中性子は中性であるため，その電荷はゼロであり，原子全体の電気的性質は中性である。元素の原子番号は原子核の正の電荷数（陽子の数）に対応する。

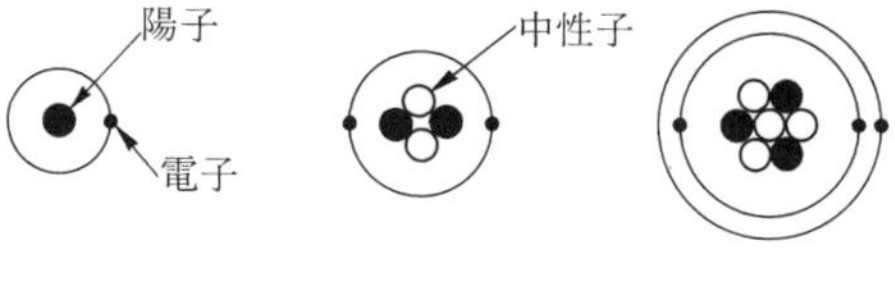

陽子の数	1	2	3
中性子の数	0	2	4
質量数	1	4	7
電子の数	1	2	3
原子番号	1	2	3
原子名	水素(H)	ヘリウム(He)	リチウム(Li)

図1.1　原子模型

1.1.2 原子内の電子構造

原子内を動き回る電子の運動を知るには量子力学と波動力学が必要である。ボーア (Bohr) は水素の原子構造を説明した。ボーアモデルによれば，原子内の電子の全エネルギー（運動エネルギーとポテンシャルエネルギーの和）E は原子番号を Z とすれば，次のようになる。

$$E = -\frac{13.6Z^2}{n^2} \text{〔eV〕} \quad (n \text{ は } 0 \text{ でない整数}) \tag{1.1}$$

シュレーディンガー (Schrödinger) は振動する弦の波動方程式に対応する取扱いで得られる原子内の電子運動に関する波動方程式から，水素原子の波動関数 Ψ と電子のエネルギーを求めた。電子波の強さに相当する $|\Psi|^2$ は電子が見いだされる確率に比例する。空間に広がって存在する電子の確率は雲のような図になる。

原子内の電子状態は次の四つの値で決めることができる。

主量子数　　　$n : n = 1, 2, 3, \cdots, n$　　　　　　（n 個）
方位量子数　　$l : l = 0, 1, 2, \cdots, n-1$　　　（n 個）
磁気量子数　　$m_l : m_l = -l, \cdots, 0, \cdots, l$　　（$2l+1$ 個）
スピン量子数　$m_s : m_s = +1/2, -1/2$　　　（2 個）

なお，式(1.1)の n は主量子数に対応する。

パウリの排他律 (Pauli exclusion principle) では 2 個以上の電子が同じ量子数状態を占めることはできない。原子内の電子状態は次の規則に沿って決められる。

① 電子はできるだけ最低のエネルギー状態をとる。
② 電子は四つの量子状態で規定される一つの状態に 1 個しか存在しない。

原子内の電子配置は以下の記号で表示する。

$n = 1, 2, 3, \cdots$ の状態には数字の 1, 2, 3, $\cdots$ を用い，それぞれを K, L, M, N 殻と呼び，$l = 0, 1, 2, 3, \cdots$ の状態には記号 s, p, d, f, $\cdots$ を用いる。例えば，原子番号 13 の Al は電子数が 13 であり，その電子配置は次のように示される。

1s²2s²2p⁶3s²3p

表1.1にいくつかの原子の電子配置を示す。**図1.2**は1s，2p状態の電子分布である。この電子分布は原子結合の方向を考えるとき重要になる。

表1.1 原子の電子配置

元素記号	原子番号	1s	2s	2p	3s	3p	3d	4s
H	1	1						
He	2	2						
Li	3	2	1					
Be	4	2	2					
B	5	2	2	1				
C	6	2	2	2				
N	7	2	2	3				
O	8	2	2	4				
F	9	2	2	5				
Ne	10	2	2	6				
Na	11	2	2	6	1			
Mg	12	2	2	6	2			
Al	13	2	2	6	2	1		
Si	14	2	2	6	2	2		
P	15	2	2	6	2	3		
S	16	2	2	6	2	4		
Cl	17	2	2	6	2	5		
Ar	18	2	2	6	2	6		
K	19	2	2	6	2	6		1
Ca	20	2	2	6	2	6		2
Sc	21	2	2	6	2	6	1	2
Ti	22	2	2	6	2	6	2	2

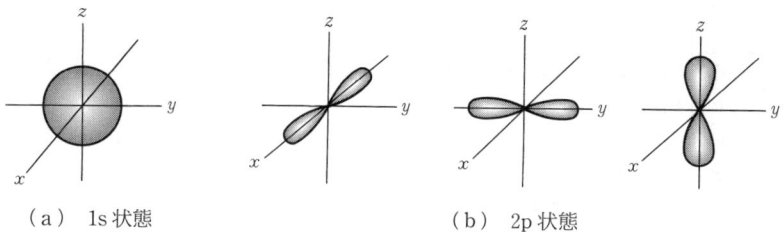

（a） 1s状態　　　　　　　　（b） 2p状態

図1.2 電子分布

1.1.3 電子構造と化学的性質

元素の化学的性質は原子核との結び付きが最も弱い最外殻の電子により主として支配される。元素の周期表(**表 1.2**)は，最外殻における電子数の周期に基づいて整理したものである。化学的性質の似ている元素は最外殻の電子配列が類似の同じ縦の列に並んでいる。0族の不活性ガス(He, Ar, Ne, Kr, Xe, Rn)では最外殻の8個のs，p電子群(Heの場合2個のs電子)が安定した配置にあるため，化学的に安定である。1A族のアルカリ金属(Li, Na, K, Rb, Cs, Fr)では，原子は原子核に弱く結び付いている最外殻の1個のs電子を放出して，不活性ガスに対応する安定した電子配列になろうとする。その結果，原子は正の電荷を帯びた陽イオンに変わる。このような性質の元素を電気的に陽性(electropositive)であるという。7B族のハロゲン元素(F, Cl, Br, I, At)は最外殻のs，p電子軌道に7個の電子をもつ。このため，1個の電子が外部より加われば，最外殻の電子軌道は8個の安定したs，p電子軌道になる。外部より電子を受け入れやすい元素を電気的に陰性(electronegative)であるという。

表 1.2 長周期型周期表

族	1	2	3	4	5	6	7	8	9	10	11	12	13	14	15	16	17	0
周期	1A	2A	3A	4A	5A	6A	7A	8			1B	2B	3B	4B	5B	6B	7B	8B
1	H																	He
2	Li	Be											B	C	N	O	F	Ne
3	Na	Mg		遷移金属									Al	Si	P	S	Cl	Ar
4	K	Ca	Sc	Ti	V	Cr	Mn	Fe	Co	Ni	Cu	Zn	Ga	Ge	As	Se	Br	Kr
5	Rb	Sr	Y	Zr	Nb	Mo	Tc	Ru	Rh	Pd	Ag	Cd	In	Sn	Sb	Te	I	Xe
6	Cs	Ba	*	Hf	Ta	W	Re	Os	Ir	Pt	Au	Hg	Tl	Pb	Bi	Po	At	Rn
7	Fr	Ra	**															

* ランタノイド(15元素)
** アクチノイド(15元素)

アルカリ金属／アルカリ土類金属／半金属／ハロゲン／不活性ガス(希ガス)

化学反応にあずかる最外殻軌道の電子を価電子（valence electron）という。価電子の数は原子価と呼ばれる。多くの金属の原子価は1か2である。このため，金属の化学的性質は価電子を放出して安定化することにある。1族の原子には水と激しく反応するNa，Kなどと，水とほとんど反応しないAg，Auなどがある。そこで，前者を1A，後者を1Bに分ける。

Fe，Ni，Cu，Znなどの卑金属，および，Pt，Auなど8元素の貴金属は遷移金属と呼ばれている。遷移金属では，電子が増えるとき，最外殻電子は1～2個であり，あとの電子は内部の空軌道に入る。このため，規則性が原子価で見られない。化学的性質が類似する遷移金属の元素は周期律表の縦列より横列に並ぶ。

演習問題

【1.1】 Arの電子列を $1s^2 2s^2 2p^6 3s^2 3p$ の形で示しなさい。

【1.2】 ボーアモデルを用いて，原子番号11のNaにおける第1イオン化エネルギーを計算しなさい。さらに，Naのイオン化エネルギーの実測値は5.2 eVである。計算値と実測値が大きく異なる理由を説明しなさい。

1.2 原子の結合

1.2.1 原子間力

原子が集まって分子を作る場合，あるいは原子や分子が集まって物質を作る場合，原子どうしは固く結び付いている。原子どうしを近づければ反発力（斥力）が生じ，また，遠ざければ引力が働く。このため，物質内の原子は斥力と引力が釣り合った状態で存在する。

図1.3は2原子間の距離 r と原子の全エネルギー U との関係を示したものである。ここで，U はイオン芯間のポテンシャルエネルギー，価電子のポテンシャルエネルギー，価電子の運動エネルギーの総和である。二つの原子が無限に離れて存在する場合の U を基準（$U(\infty) = 0$）にすれば，$U > 0$ では斥

6   1. 材料の性質

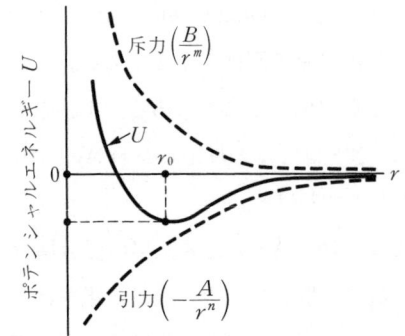

図1.3 2原子間に働くポテンシャル
        エネルギーと距離の関係

力が原子間に,また,$U<0$ では引力が原子間に働く。したがって,$U(r)$ は引力の項と斥力の項の和として,次式で表される。

$$U(r)=-\frac{A}{r^n}+\frac{B}{r^m} \tag{1.2}$$

イオン結晶では $n=1$(クーロン引力)である。図1.4(a)は $m=3$, $n=1$ のイオン結晶ポテンシャルエネルギーを示す。温度の上昇($T_0 \to T_1 \to \cdots \to T_n$)に伴って原子振動の振幅が増大すると,$U$ は非対称ポテンシャルであるから,原子間隔は $r_0 \to r_1 \to \cdots \to r_n$ と増大する。言い換えれば,温度が高くなると材料は熱膨張する。

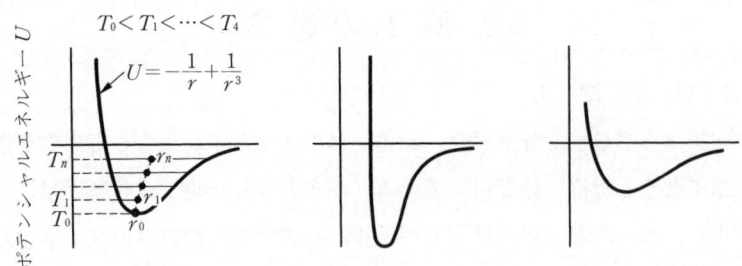

(a) $m=3$, $n=1$ (b) 引力が大きい場合   (c) 引力が小さい場合
図1.4 2原子間ポテンシャルエネルギーと引力の関係

引力が強い物質(イオン結晶や共有結合など)の n は大きく,図1.4(b)のように,曲線の右側が急勾配になる。その結果,曲線の対称性が幾分回復し,熱膨張は小さい。逆に,引力が弱い材料(金属,ファン・デル・ワールス結合

など）の場合，同図(c)のように，曲線の右勾配が緩やかになり，大きな熱膨張が生ずる。

なお，原子間に作用する力は $-\partial U/\partial r$ （U を r で微分）で求まる。$\partial U/\partial r = 0$ の平衡距離を r^* とすれば，$U(r^*)$ は解離エネルギー，すなわち，原子を無限に引き離すのに必要なエネルギーに相当する。

1.2.2 原子結合の種類

原子結合の種類は原子間力の大きさにより二つに分けられる。一つは強い結合力のイオン結合（ionic bond），共有結合（covalent bond），金属結合（metallic bond）である。他の一つは弱い結合力のファン・デル・ワールス結合（van der Waals bond），水素結合（hydrogen bond）である。多くの物質は主として一つの結合状態に基づくが，しばしば混合型の結合も見られる。ここでは水素結合の記述は省略する。

〔1〕 **イオン結合**

電気的陽性原子と電気的陰性原子が接近すると最外殻電子が前者から後者に移動し，イオン結晶を作る。図1.5にNaClの例を示す。Naは最外殻のN殻にある電子1個を放出して，Neと同じ閉殻電子構造のNa$^+$になる。一方，Clは電子1個を取り込んでArと同じ閉殻電子構造のCl$^-$になる。両イオンの電子分布は球対称であるから，両イオンはともに剛体球になる。Na$^+$イオンとCl$^-$イオンは互いに強く引き合って安定化し，塩になる。同図(c)にNaとClが交互に規則正しく並んだイオン結晶を示す。イオン結晶は水に溶けやす

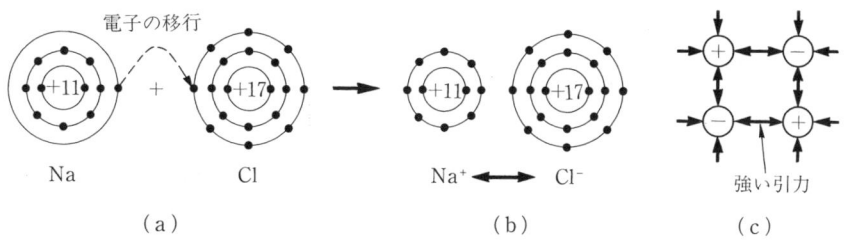

図1.5 イオン結合

く，その水溶液は電気を通す．さらに，イオン結晶は低温では電気伝導性を示さないが，高温の電場内ではイオンの移動に基づく電気伝導が生じる．外力が作用して，イオンの位置が少しでもずれると，イオン間に強い反発力が容易に発生する．このため，結晶はもろく，へき開による破壊が容易である．

〔2〕 **共 有 結 合**

共有結合とは最外殻のs，p電子を原子間で共有することにより，8個の最外殻電子（水素では2個のs電子）を満たす結合方式である．このため，共有結合は周期律表で互いに近い元素どうしの組合せにおいて生ずる．

水素分子は水素原子2個の共有結合からなり，**図1.6**(a)に示すように，2個の原子核（陽子）が2個の電子を共有する結合である．同図(b)のフッ素分子では，Fの電子構造が表1.1より$1s^2 2s^2 2p^5$であるから，二つのFはそれぞれ互いに1個の2p電子を出し合うことで，共有結合を作る．なお，Fの2p軌道は方向性を有するため，F分子も方向性がある．

Siの最外殻電子は4個であり，他の原子から4個の電子を受け入れることができる．このため，多数のSi原子からなる結晶では，図1.6(c)に示すよ

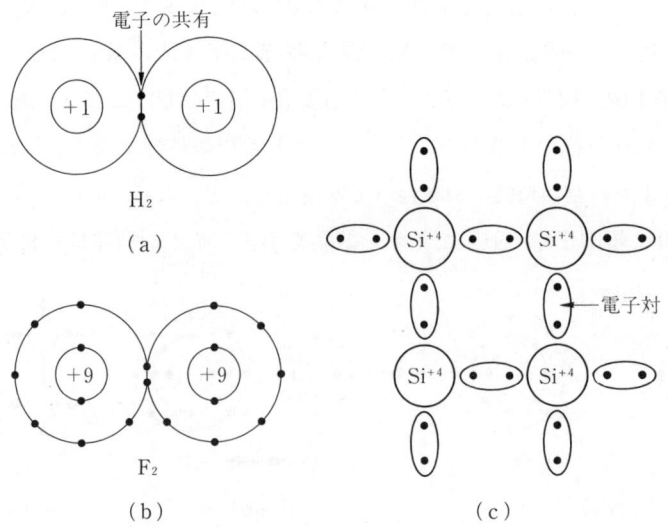

図1.6 水素分子とフッ素分子

うに，それぞれの原子が最近接の4原子と一つずつ電子を共有するダイヤモンド構造になる。

〔3〕 **金属結合**

最外殻のs，p軌道に少数の電子をもつ金属原子どうしが近づくと，原子の最外殻にある電子（価電子）は飛び出して自由電子（free electron）になる。この自由電子が結晶内を自由に動き回ることで，原子どうしが結び付く。この金属結合は一種の共有結合であるが，水素分子やフッ素分子などの共有結合の場合と著しく異なる点は，結晶を構成するすべての原子が自由電子を共有することにある。すなわち，金属結晶は，正イオンが自由に動き回る負電荷の電子雲中に幾何学的な規則性で配列（図1.7）することから，電子雲とイオン間の静電引力で結合する1個の巨大分子であるとも考えられる。金属結合は等方的な原子間結合であり，結合に方向性がないので，金属結晶は簡単な結晶構造になる。

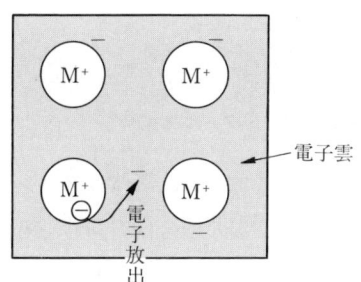

図1.7 金属結合

金属では自由電子が結晶内を自由に動き回るため，金属は電気や熱の良導体である。可視光線が金属に入射すると電子雲で散乱され，反射する。このため，金属は金属光沢を有する。金属結合はすべて等価であり，方向性がない。このため，金属に外力が加わると，一つの金属結合が壊されて隣の原子位置に移動するが，隣の原子とも容易に金属結合を生ずる。このため，塑性変形が容易である。

〔4〕 ファン・デル・ワールス結合

希ガス原子の最外殻は8個の電子で満たされている。二つの希ガスが近接すると，原子核の正電荷中心と電子の負電荷中心は平均時間で一致する。しかし，瞬間的には電子の電荷が一部に偏ると，例えば，すべての電子が原子核の左側に位置したとき，原子の左右にそれぞれ正，負の電荷が位置する組（電気双極子，electrical dipole）を作る。これが次々と隣に伝播して，図1.8に示す電気双極子の配列が生まれる。これがファン・デル・ワールス結合（分子結合）であり，その結合力は弱い。

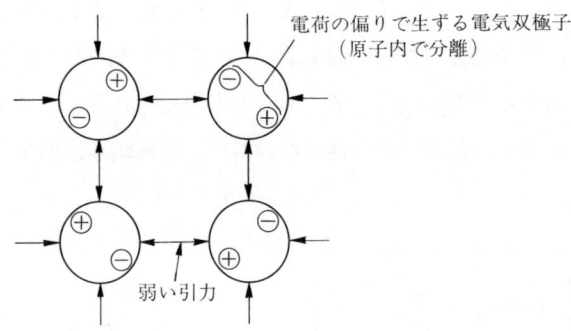

図1.8 ファン・デル・ワールス結合

気体を高圧にしたり，あるいは極低温にすると，気体はファン・デル・ワールス結合により，液体や固体に変化する。この結合は方向性をもたない。ファン・デル・ワールス結合は有機化合物における分子結晶でも見られる。例えば，共有結合のメタン分子（CH_4）が集まって作られる分子結晶において，分子と分子はファン・デル・ワールス力で結合する。

演習問題

【1.3】 距離 r だけ離れた位置に，$+e$ と $-e$ の電荷をもつイオンがあるとき，イオン間に働く引力は e^2/r^2 であった。この場合のポテンシャルエネルギーを求めなさい。

1.3 簡単な結晶学

1.3.1 原子の配列

すべての固体は，原子が規則的に配列する結晶（crystal）と原子が不規則な距離または角度で配列する非晶質あるいは無定形物質（アモルファス，amorphous）に区別される．結晶のもつ基本的性質は単位格子（unit cell）により表示できる．単位格子は稜 a，b，c と，二つの稜間の角度 α，β，γ で定義される．実在結晶は，結晶の対称性の特徴から7種類の，また単位格子の規則性から14種類の結晶系に分類される．

1.3.2 結晶面と結晶方向の指数

結晶体における結晶面や結晶方向はミラー指数（Miller index），六方用指数（hexagonal index）で表示される．

まずミラー指数による結晶面の表示法について述べる．図1.9(a)に示す単位胞の x，y，z 軸を a/h，b/k，c/l で切る面を考え，この面を h，k，l とし，h，k，l の比が最小の整数比になる値を (hkl) 面で表示する．この h，k，l をミラー指数という．結晶面が $-x$，$-y$，$-z$ 軸と交わる場合，ミラー指数も負の値になり，$(\bar{h}kl)$ のように $-$ 記号を英小文字の上側に付ける．なお，等価なすべての結晶面は $\{hkl\}$ の記号で表示する．例えば，図1.9(a)の斜線で示す結晶面は x，y，z 軸と $a/2$，$b/3$，$c/1$ で交わるから，(231) 面である．同図(b)に立方晶の (100)，(111)，(110) 面を示す．

次に結晶方向のミラー指数表示を述べる．結晶方向に平行で，原点を通る直線を引き，この直線上の原点以外の座標を ua，va，wa とすれば，結晶方向は最小の整数比を用いて，$[uvw]$ で表される．なお，負の結晶方向は $[\bar{u}vw]$ のように $-$ 記号で，また，等価な方向は $\langle uvw \rangle$ で表示する．図1.9(c)に立方晶におけるいくつかの結晶方向を示す．なお，(uvw) の法線は $[uvw]$ になる．

さらに六方晶系の結晶面を表示する場合，六方用指数が用いられる．この場

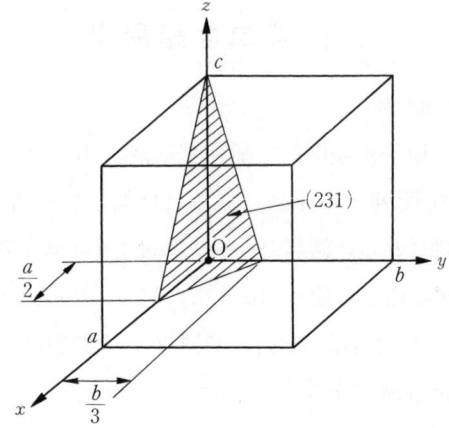

(a) 面 表 示

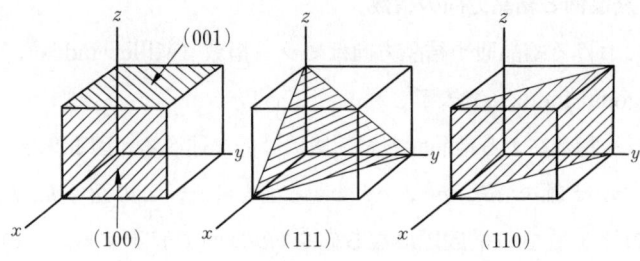

(b) 立方晶の結晶面

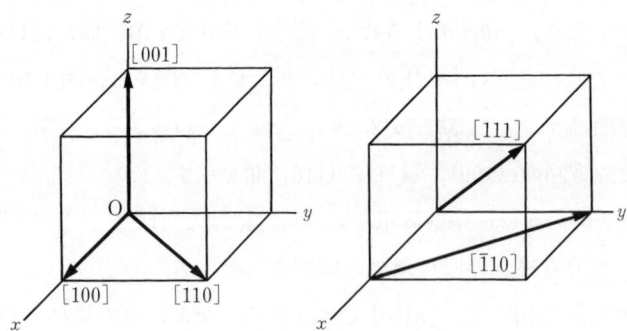

(c) 立方晶の結晶方向

図1.9 ミラー指数による表示

合，座標軸には図1.10に示す底面上の三つの主軸 a_1, a_2, a_3 と縦の中心軸 c を用いる。六方用指数で表示した結晶面の $(hkil)$ とは a_1, a_2, a_3, c 軸をそれぞれ a/h, a/k, a/i, c/l で切断する面である。ここで

$$h + k + i = 0$$

の関係がある。六方用指数の結晶方向は $[hkil]$ で表す。図1.10に六方用指数で表した結晶面，結晶方向を示す。

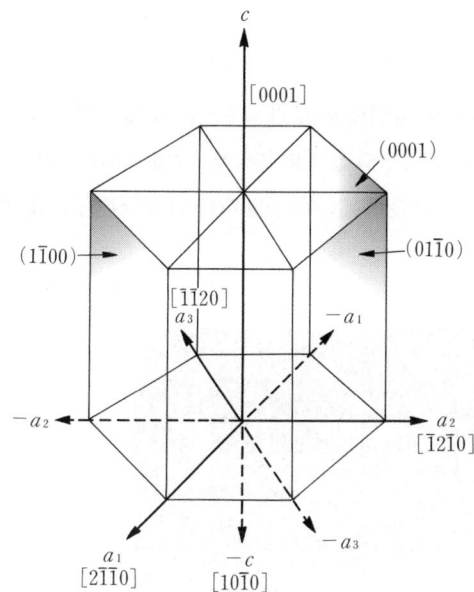

図1.10 六方用指数による結晶面と結晶方向

1.3.3 結晶構造の解析

X線は結晶に入射すると結晶内原子によって回折する。結晶によるX線回折の原理を図1.11に示す。入射X線は表面の原子面だけでなく表面より深い結晶面でも反射される。この反射X線の位相が同じであれば，反射X線は強め合い，干渉する。λ を波長，d を面間距離，θ を入射角，n を整数とすれば，次のブラッグの法則（Bragg's law）に従って回折する。

$$n\lambda = 2d \sin \theta$$

14　　1. 材 料 の 性 質

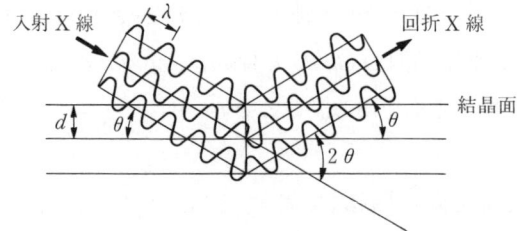

図 1.11　X 線のブラッグ反射

ここで，回折する結晶面を (hkl) とすれば次式となる。

$$d_{hkl} = \frac{a}{(h^2 + k^2 + l^2)^{1/2}}$$

X 線回折を利用すれば，物質の結晶構造が解明できる。X 線の代わりに電子線を用いた電子回折法でも固体結晶の構造に関する多くの情報が得られる。図 1.12 に透過電子顕微鏡で得られた金薄膜の電子回折像および原子の配列像を示す。

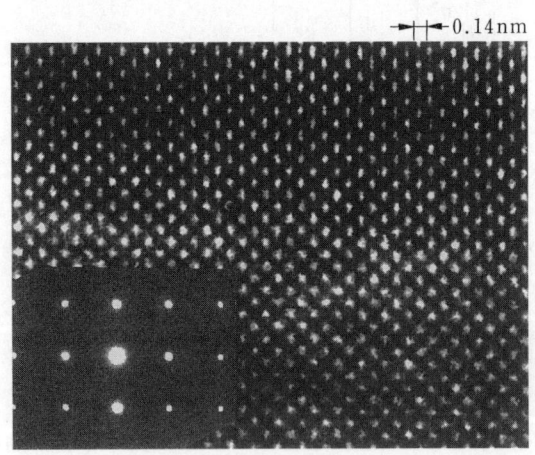

図 1.12　金単結晶の電子回折像（左下）と原子像

演 習 問 題

【1.4】　(111)，$(\bar{1}11)$，$(1\bar{1}1)$，$(11\bar{1})$ の四面で作られる立体を図示しなさい。

【1.5】　波長 $\lambda = 0.154$ nm の X 線を α-Fe に照射したところ，$(110)_\alpha$ の回折角 2θ が 44.7° であった。α-Fe の格子定数を求めなさい。

1.4　金属の結晶構造

1.4.1　金属の性質

　金属とは次の五つの性質を兼ね備える物質である。①結晶である。②比重が比較的大きい。③展延性に優れ，硬さ値が比較的大きく，その上，弾性変形や塑性変形しやすい。④金属光沢を有する。⑤電気抵抗が小さく，熱を伝えやすい。

　このような性質をもつ金属は数多く存在するが，使用目的に合う特性の金属が選ばれて利用される。例えば，金属が機械材料として使われる場合，③の性質が特に重要であり，また，多くの電気材料では⑤が重要視される。なお，最近では上述の性質を兼ね備えていない金属も工学的に利用される。例えば，結晶の性質をもたないアモルファス金属は電気材料として利用される。

図1.13　黄銅の顕微鏡写真

金属は，図 1.13 の顕微鏡写真に見られるように，多くの結晶が数多く集合した結晶体である。個々の結晶を結晶粒（crystal grain）という。多結晶（polycrystal）は多数の結晶粒から構成される。結晶粒と結晶粒の境界が結晶粒界（grain boundary）である。一つの結晶粒よりなる結晶を単結晶（single crystal）という。

1.4.2 金属の結晶構造

金属は原子が規則正しく密に詰まった結晶構造であるため，ダイヤモンド構造など他の結晶系の物質に比べ，密度は高い。多くの金属結晶は，表 1.3 に示す，面心立方晶（face centered cubic, fcc），稠密六方晶または最密六方晶（hexagonal close-packed, hcp），体心立方晶（body centered cubic, bcc）の3種に分類される。

表 1.3　主な純金属の結晶構造

金属	格子定数〔nm〕	結晶構造
Al	0.404 9	面心立方晶
Au	0.408	
Cu	0.362	
γ-Fe	0.367	
Mg	a 0.320 9 / c 0.521 0	稠密六方晶
α-Ti	a 0.295 0 / c 0.468 3	
Cr	0.288 4	体心立方晶
α-Fe	0.286 7	
δ-Fe	0.294 0	
β-Ti	0.330 0	

γ-Fe，Al，Cu，Au，Ag などが属する図 1.14(a) の fcc では，原子が立方体の八隅と各面の中心に存在する。Mg，Cd などが属する同図(b) の hcp では原子が正六方晶の上面，下面の六隅と中央にそれぞれ1個ずつ，さらには，晶内の中央面で上下面の原子と重ならない位置に3個ある。

1.4 金属の結晶構造

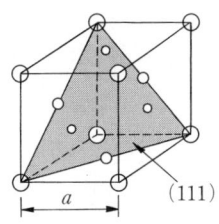
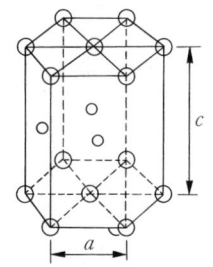
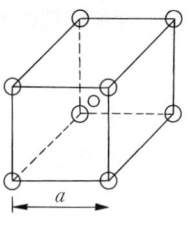

（a） 面心立方晶　　　（b） 稠密六方晶　　　（c） 体心立方晶

図1.14　結晶構造

　Cr, α-Fe, Mo, Ta などが属する図1.14（c）の bcc では原子が立方晶の八隅と中央に1個ずつある。これら以外の結晶構造を有する純金属には正方晶の Sn などがある。

　各原子のまわりに接近し，しかも，等距離に存在する最近接原子数を配位数 (coordination number) いう。配位数は fcc が 12, hcp が 12, bcc が 8 である。

　fcc の隅にある原子は8個の立方晶により共有されるから，立方晶に対する隅の原子の寄与は 1/8 原子である。立方晶の面心にある原子は二つの立方晶で共有されるから，面心原子の立方晶に対する寄与は 1/2 原子に相当する。したがって, fcc には

$$\frac{1}{8} \times 8 + \frac{1}{2} \times 6 = 4$$

個の原子が含まれる。

　同様に考えると hcp, bcc ではともに2原子が単位胞内に含まれる。格子定数（lattice constant, 図1.14 の辺長さ）a と原子1個の質量がわかれば，密度を求めることができる。また，金属の結晶構造と格子定数がわかれば，最近接原子の距離，すなわち原子間距離 (interatomic distance) と原子半径 (atomic radius) が求まる。

1.4.3 原子配列の差異

次に，原子の積み重ねがfcc，hcp，bccの間でどのように違うのかを考える。

〔1〕 面心立方晶（fcc）

図1.14(a)の(111)面は3個の原子が互いに隣接を繰り返す原子配列である。この原子配列を**図1.15**(a)に示す。実線の1段目（A）では1個のA原子が6個の原子と隣接する。点線の2段目（B）では，隣接する3個のA原子の中心を結んでできる正三角形の重心位置上に，A原子と接触させてB原子を乗せる。太い点線で示す3段目（C）では隣接する3個のB原子の中心を結んでできる三角形の重心位置上で，かつ，AとBのどちらの原子にも重ならない位置にC原子を乗せる。4段目は1段目のAと全く同じ原子配列になる。以上より，fccの原子配列はABCABCAB…の原子配列である。

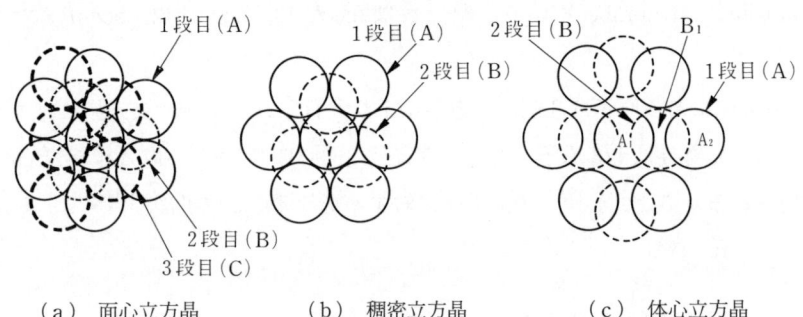

（a） 面心立方晶　　　（b） 稠密立方晶　　　（c） 体心立方晶

図1.15 金属結晶の原子充填

〔2〕 稠密六方晶（hcp）

図1.14(b)に示す正六方晶底面（0001）の原子配列を図1.15(b)の実線で示す。実線の1段目（A）と点線の2段目（B）の原子配列はfccの場合と同じである。3段目の原子配列では1段目のAと全く同じ位置に原子を並べる。したがって，hcpの原子配列はABABAB…となる。

金属を加工すると原子面ですべりが起こり，fcc金属では（111）面の積層順序がABCABCABABCAB…のように一部（BA）で狂うことがある。この

面状欠陥を積層欠陥（stacking fault）という。積層欠陥領域の原子配列はhcpに相当する。さらに，hcp金属では，(0001)面の積層順序がABABAB-CABAB…のとき，極めて薄いfcc層が積層欠陥領域（BC）に形成される。図1.16はオーステナイト相（γ相，fcc）を呈する18-8ステンレス鋼の研磨面に見られる積層欠陥の透過電子顕微鏡写真である。

0.2μm

図1.16 18-8ステンレス鋼の積層欠陥

〔3〕 **体心立方晶**（bcc）

図1.15(c)に示したbccの原子配列では，1段目（A）の原子どうしは接触せずに，少し間隔を広げる。2段目（B）の原子B_1は1段目のA_1，A_2原子に馬乗り状に接触する。3段目（C）の原子は1段目のAの直上でB原子に接触して乗る。したがって，原子配列はABABAB…であるが，同じ段層内の原子どうしは接触しない。なお，図1.15(c)の実線で示す1段目（A）は(110)面に相当する。

以上より，fccとhcpの金属は原子が最稠密であり，bccの金属はこれらに比べて原子の詰まりが緩やかである。したがって，同じ大きさの原子でfccとbccを作る場合，bccの格子定数はfccの格子定数の約1.03倍になる。

金属の状態は圧力，温度，濃度で変化する。金属の結晶構造が圧力や温度で変わることを結晶変態（crystal transformation）という。特に，純金属の結晶変態は同素変態（isotropic transformation）と呼ばれる。Fe の常圧における同素変態は 910 ℃ と 1 390 ℃ で可逆的（reversible）に起こる。

$$\alpha\text{-Fe(bcc)} \underset{}{\overset{910\,℃}{\rightleftarrows}} \gamma\text{-Fe(fcc)} \underset{}{\overset{1\,390\,℃}{\rightleftarrows}} \delta\text{-Fe(bcc)}$$

さらに，α-Fe は 1.3×10^{10} Pa の高圧で原子充填率の高い hcp の ξ-Fe に変化する。

演 習 問 題

【1.6】 α-Fe の格子定数は 0.286 6 nm である。この密度を求めなさい。なお，α-Fe の原子量は 55.85 である。

【1.7】 同じ大きさの原子で fcc と bcc を作る場合，容積変化はどのくらいになるか。

【1.8】 fcc および bcc の最も隙間の大きい位置を，それぞれについて求めなさい。

1.5　金属の格子欠陥

実際の金属結晶は原子の規則配列が完全ではなく，かなりの構造的な不完全性をもつ。このような結晶格子の不完全性を格子欠陥（lattice defect）という。格子欠陥には，点欠陥（point defect），線欠陥（line defect），面欠陥（interfacial defect），体欠陥（bulk defect）がある。

1.5.1　点　欠　陥

点欠陥は，図 1.17 に示すように，原子的な大きさの欠陥である。金属には 4 種類の点欠陥がある。原子が正規の格子点に存在しない場合を原子空孔（vacancy）という。格子点にある同種の原子が格子の隙間に入り込んだ場合を格子間原子（interstitial atom）という。また，不純物原子が正規の格子点にある場合を置換型不純物原子（substitutional impurity atom），格子点以外

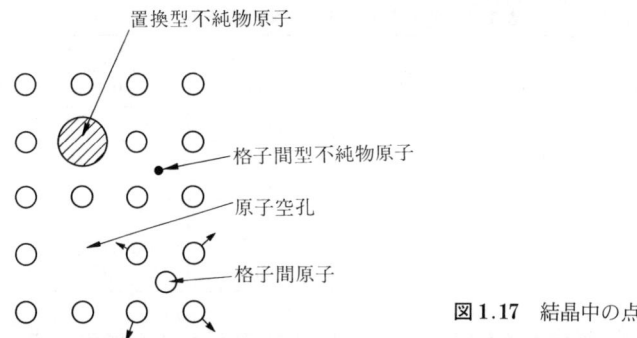

図 1.17 結晶中の点欠陥

の場所に入った不純物原子を格子間型不純物原子（interstitial impurity atom）という。

金属内における点欠陥の平衡濃度を考える。点欠陥は金属内に熱的平衡状態で存在する。安定に存在する原子空孔数は温度の上昇に伴って急激に増大する。原子数 N に対する原子空孔数 n の比率，すなわち原子空孔濃度 C は絶対温度を T とすれば，次式で与えられる。

$$C = \frac{n}{N} = \exp\left(-\frac{W_s}{kT}\right) \tag{1.3}$$

ここで，k はボルツマン定数であり，W_s は空孔形成エネルギー，すなわち 1 個の原子空孔を作るのに必要なエネルギーである。

1.5.2 線 欠 陥

外力を加えると金属はまず弾性変形し，その後，塑性変形する。弾性変形は外力をゼロにすると元の形に戻る変形である。塑性変形は外力をゼロにしても元の形に戻らない変形である。2.4〜2.7 節で詳しく述べるが，金属の塑性変形は積み重ねた 2 枚のトランプカードの変形に似ている。カードどうしの相対的なずれがすべり（slip）である。塑性変形は主にすべり変形で起こる。すべりは原子が最も密に詰まったすべり面上で，原子が最も密に並んだすべり方向に起こる。すべり面やすべり方向の数が多いほど金属は変形しやすい。**表 1.4** に金属のすべり面とすべり方向を示す。

22   1. 材料の性質

表 1.4 金属のすべり面，すべり方向

金　属	結晶格子	すべり面	すべり方向
Cu, Ag, Au, Ni	面心立方	$\{111\}$	$\langle 10\bar{1}\rangle$
α-Fe, Mo	体心立方	$\{110\}$ $\{112\}$ $\{123\}$	$\langle \bar{1}11\rangle$
Ti	稠密六方	$\{10\bar{1}0\}$ $\{10\bar{1}1\}$ (0001)	$\langle 11\bar{2}0\rangle$ $\langle 11\bar{2}0\rangle$ $\langle 11\bar{2}0\rangle$

すべりは線欠陥である転位（dislocation）と呼ばれる金属内の"しわ"が外力の作用で金属内を動くことに起因する。**図 1.18** は 18-8 ステンレス鋼内部の透過電子顕微鏡写真である。ひも状の黒い線が転位線である。外力が加わると，転位は金属内を移動すると同時に転位の数も増加する。

0.1μm

図 1.18 18-8 ステンレス鋼の内部組織

1.5.3 面 欠 陥

面欠陥には結晶粒界，双晶（twin），前述の積層欠陥などがある。
結晶粒界とは図 1.13 に見られるように結晶方位が異なる二つの領域の境界

である。

　双晶とは二つの領域の原子配列が双晶面を境にして鏡面対称である場合の結晶配列をいう。双晶には塑性変形で発生する変形双晶，焼なましで形成される焼なまし双晶，結晶成長で作られる成長双晶がある。**図 1.19** に変形双晶の形成モデルを示す。各原子が双晶面からの距離に比例した量だけ矢印方向に一様に最大1原子間隔だけずれると双晶になる。塑性変形で作られる変形双晶は，すべり変形ほど一般的ではなく，Sn など特定な結晶構造の金属や，低温での高速変形で発生する。金属の双晶面，双晶方向を**表 1.5** に示す。

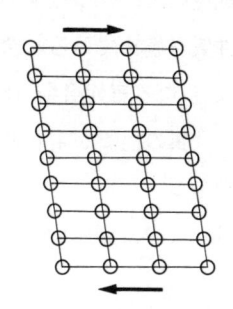

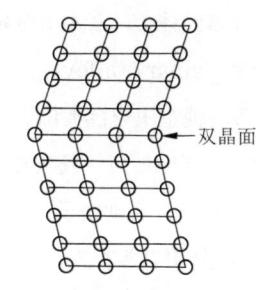

図 1.19　変形双晶の形成モデル

表 1.5　双晶面と双晶方向

金　属	結晶格子	双晶面	双晶方向
α-Fe, W	体心立方	$\{112\}$	$\langle 111\rangle$
Cd, Zn, Mg	稠密六方	$\{10\bar{1}2\}$	$\langle 10\bar{1}\bar{1}\rangle$
β-Sn	正　方	$\{301\}$	$\langle \bar{3}01\rangle$

1.5.4　体　欠　陥

　体欠陥には介在物，巣，気孔，クラックがある。これらの体欠陥は金属材料の製造過程（例えば製錬過程），加工過程（鋳造，鍛造，溶接，圧延など）で形成される。金属内で認められる介在物の多くは製造過程中の原材料や容器などから入り込む酸化物粒子である。鋳造過程において，液体と固体の体積差に起因して発生する収縮欠陥（巣という）は鋳物の中心付近に多く，また，凝固中のガス放出で発生する気孔は小さいものから大きなものまである。鍛造では，切欠，収縮欠陥などを起点としてクラックが発生する。

演習問題

【1.9】 Auの原子空孔形成エネルギーは 0.98 eV である。Auの融点 1063 ℃ における原子空孔濃度を求めなさい。

【1.10】 金属の格子欠陥の種類を挙げ，その特徴を述べなさい。

1.6 合金の種類

　金属は純金属（pure metal）と合金（alloy）に区別できる。純金属とは1元素の金属のみからなる固体である。合金とは一つの純金属と，一つ以上の純金属あるいは非金属とからなる固体で，しかも金属の性質を備えている。合金には2元素からなる二元合金（binary alloy），3元素からなる三元合金（ternary alloy）など多くがある。純金属を合金化すれば，金属の性質が変わる。一般に，合金は純金属より硬く強いという機械的性質をもつ。

　合金は固溶体（solid solution），規則格子（super lattice），金属間化合物（intermetallic compound）に分類できる。

1.6.1 固　溶　体

　固溶体とはAとBの成分元素が原子の大きさの桁で一様に分布する合金である。固溶体には図1.20(a)の侵入型固溶体と同図(b)の置換型固溶体がある。侵入型固溶体はAからなる結晶格子の隙間にBが入り込んだものである。この場合，原子の隙間は小さいから，侵入できる元素はH，B，C，O，Nなど原子径の小さな非金属元素である。置換型固溶体は結晶格子点にある

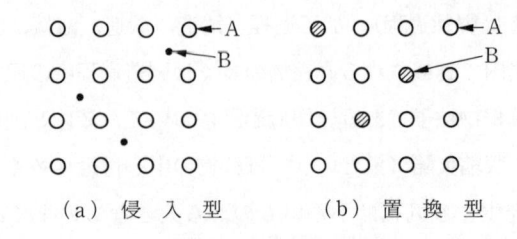

(a) 侵入型　　　(b) 置換型

図1.20　固溶体の種類

A原子がB原子に置き換わったものである。

　固溶体ではAとBの原子径が異なるため，A原子近傍の結晶格子は，例えば，原子径がA＜Bであれば縮み，逆にA＞Bであれば広がる。したがって，原子径の差に基づく合金全体のひずみ量はB原子を多く含む合金ほど大きくなる。この場合，合金の格子定数はBの添加原子濃度に直線的に比例する。これをベガードの法則（Vegard's law）という。

　固溶強化法（solid solution hardening）とは溶質を固溶させることにより金属を硬化させる方法である。両元素の原子半径差が大きいほど，また，元素周期表における両元素の位置が大きく隔たるほど，固溶強化作用は大きい。

1.6.2　規則格子

　置換型固溶体では溶質濃度が増加すると，A，B原子がでたらめに分布した不規則格子〔図1.21（a）〕，規則的に分布した規則格子〔同図（b）〕になる場合がある。規則格子を作る固溶体は原子数比が1：1と1：3のものに限られており，CuAu（面心立方）型，CuZn（体心立方）型，Cu_3Au（面心立方）型，$CuZn_3$（体心立方）型，Mg_3Cd（稠密六方）型などがある。規則格子は低温で，また不規則格子は高温で得られるが，温度による結晶構造変化を規則－不規則変態という。

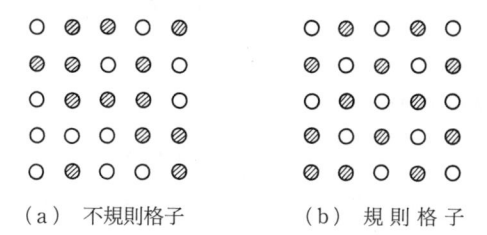

図1.21　不規則格子と規則格子

1.6.3　ヒューム-ロザリーの経験則

　ヒューム-ロザリー（Hume-Rothery）は，Cu合金のようなfcc金属におい

て置換型1次固溶体を形成する場合，次の一般的な経験則を見いだした（1934年）。なお，1次固溶体とは溶媒側の固溶体をいう。

(1) 原子の寸法効果　　溶媒金属，溶質金属の原子半径を a_1, a_2 とすれば，原子半径の差が大きいほど固溶範囲は小さくなる。一般に，$|a_1 - a_2|/a_1 > 0.15$ では固溶範囲が著しく小さい。

(2) 価電子濃度　　溶媒金属，溶質金属の価電子数を z_1, z_2，原子数の比を $x_1 : x_2 (x_1 + x_2 = 1)$ とすれば，合金Zの価電子濃度は $\sum z_i x_i$ である。Cu合金の場合，Cu側固溶体の最大固溶範囲における価電子濃度は約1.35になる。

(3) 電気化学的効果　　電気陰性度の強い金属は電気陽性度の強い金属と合金を作りやすいため，固溶範囲が小さくなる。

(4) 相対的原子価効果　　原子価の異なる金属の2元素系合金では，原子価の低い金属に対する原子価の高い金属の固溶範囲はその逆に対する固溶範囲より大きい。例えば，Cu-Zn合金では一価のCuは二価のZnより広範囲で固溶する。

これらの規則より，合金の性質には原子半径に関連する弾性効果と，価電子や自由電子に関連する化学効果が互いに強く影響し合うことがわかる。価電子濃度が同じであるCu合金では合金の種類によらず類似の機械的性質が見られる。

1.6.4　金属間化合物

金属間化合物とは金属元素AとBが比較的簡単な整数比で結合した化合物 $A_m B_n$ をいう。金属間化合物は一般に，硬くまたもろい性質をもつ。金属間化合物は金属とセラミックスの中間に位置する合金であり，金属に近い性質をもつものからセラミックスに近い性質をもつものまで多種多様である。このため，その機械的性質を検討して，それぞれの金属間化合物に最適な成形法を見いだすことが実用化にとって重要である。

Cu，Au，Agなどが合金を作るとき，価電子数が3/2，21/13，7/4である

化学組成では，電子化合物（electron compound）と呼ばれる 1.12.3 項で述べる中間相を生成する。表 1.6 に，Cu-Zn 合金などにおける電子化合物の結晶構造と価電子数を示す。電子化合物は自由電子による金属結合を呈することから，しばしば化合物の組成近傍は固溶範囲が大きく，規則格子も作る。

表 1.6　電子化合物の例

価　電　子　数		
3/2	21/13	7/4
Cu-Zn	Cu_5Zn_8	$CuZn_3$
Cu_3Al	Cu_5Cd_8	Cu_3Sn
Cu_5Sn	$Cu_{31}Si_8$	Ag_5Al_2
Ag-Mg	Ag_5Sn	

表 1.7　ラーベス相の例

$MgCu_2$ 型	$MgZn_2$ 型	$MgNi_2$ 型
$AgBe_2$	$BaMg_2$	$MoBe_2$
$CuCl_2$	$CuAg_2$	$TaCo_2$
$CdFe_2$	$MoBe_2$	WBe_2

　AB_2 の化合物では，A と B の原子半径比が $\sqrt{3}:\sqrt{2}$ であると，幾何学的に最密な稠密六方晶構造になる。このような金属間化合物をラーベス相（Laves phase）という。代表例を表 1.7 に示す。図 1.22 に $MgCu_2$ の結晶構造を示す。A 原子（Mg）はダイヤモンド構造であり，その隙間に B 原子（Cu）の四面体が入り込む。

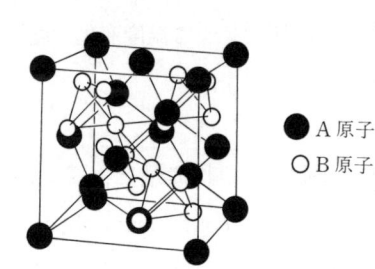

図 1.22　$MgCu_2$ の構造

　このほかに，侵入型化合物，イオン化合物，共有化合物など数多くの金属間化合物がある。

演　習　問　題

【1.11】 固溶体と規則格子の相違点を述べなさい。

【1.12】 Cu-Sn 合金の中間相は Cu_5Sn，$Cu_{31}Sn_8$，Cu_3Sn である。これらの価電子濃度を求めなさい。

1.7 1成分系の相平衡

1.7.1 相　律

物質は外的条件から独立して状態を変化させることができる。外界から容易に区別できる一つあるいはそれ以上の物質の集合を系（system）といい，系を構成する物質を成分（component）という。成分の数が1，2，3，…である系は1成分系，2成分系，3成分系…と呼ぶ。2成分以上の系において，構成する成分の量比を組成（composition）という。相（phase）とはすべて均一な性質をもつものである。相はその状態により，気相，液相，固相に区別できる。一つの相は温度，圧力，濃度の三つの自由度（degree of freedom）をもつ。自由度をF，物質を構成する成分の数をC，相の数をPとすれば，次に示すギブズの相律（Gibbs' phase rule）が得られる。

$$F = C + 2 - P \tag{1.4}$$

相律とは平衡状態にある物質の自由度が成分の数や相の数とどのような関係にあるかを示したものである。

液相，固相のみを取り扱う凝縮系では，圧力による温度変化の度合いが極めて小さい。圧力を考えない場合の相律を次に示す。

$$F = C + 1 - P \tag{1.5}$$

平衡状態において，温度，圧力，組成などの状態量と物質系がとる状態（相）との関係を図で表したものが平衡状態図（equilibrium phase diagram）である。一般に，金属や合金の平衡状態図は1気圧付近で扱われるから，圧力の変数を除いた式(1.5)の相律が適用される。

1.7.2 平衡状態図

1成分系の平衡状態を決める変数は圧力と温度である。一般に，1成分系の圧力-温度線図は，図1.23（水の場合）のように，固相，液相，気相の各領域が境界線で区切られている。同図において相律との関係を考える。成分数は$C = 1$であるから，式(1.4)は

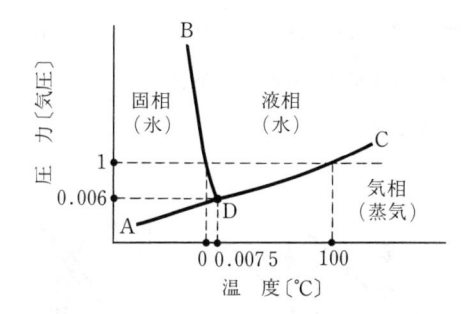

図1.23 水の平衡状態図

$$F = 3 - P$$

となる．D点（0.006気圧，0.0075℃）では気相の蒸気，液相の水，固相の氷の3相が共存する（$P = 3$）から

$$F = 0$$

となる．この点は三重点と呼ばれ，自由度が全く存在しない不変点である．

次に，ADの線上では固相の氷，気相の蒸気が共存する（$P = 2$）から

$$F = 1$$

となり，温度，圧力のどちらか一つを変えても2相が共存する．BD，CDの線上でも同様である．これに対し，境界線の内側領域では固相，液相，気相のうちの一つのみが存在する（$P = 1$）から

$$F = 2$$

となり，温度と圧力をそれぞれ独立に変化させても，1相の状態が保持される．

1.7.3 金属の変態

固体の温度が上昇して，液相，気相に変わることを変態といい，相変化が生ずる温度を変態点という．金属の中には温度が固相範囲で変わると原子配列が変化し，性質の変わるものがある．この変態を同素変態（allotropic transformation）といい，気相，液相，固相と同様に，異なる相として扱う．金属では，いずれの原子配列に原子を並べてもエネルギー値はそれほど変わらない．このため，結晶構造が温度によって変わる場合がある．図1.24はFeの同素

変態を示す状態図である。1気圧ではbccのα-Fe（910℃以下），fccのγ-Fe（910〜1400℃），bccのδ-Fe（1400℃〜融点）がある。さらに，高圧（10^{10} Pa以上）ではhcpのξ-Feがある。

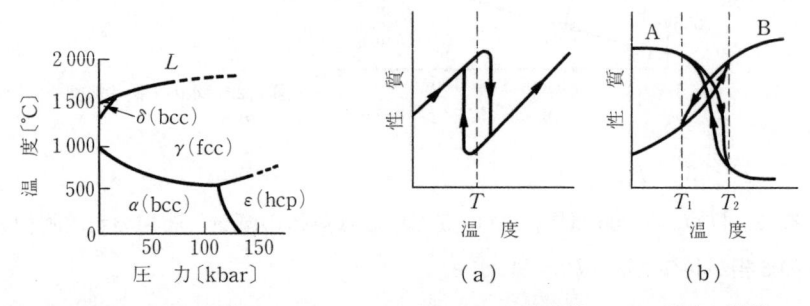

図1.24　Feの状態図

図1.25　同素変態における温度と性質

温度変化，熱膨張，電気抵抗などのいろいろな性質が変態点で不連続に変わる。これらの性質変化，例えば，冷却曲線，熱膨張，熱容量，磁化強さなどを測定することで，変態点を知る手法は熱分析と呼ばれる。図1.25(a)に同素変態における温度と性質（例えば熱膨張）の関係を示す。変態温度では性質が急に変化し，しかも，加熱と冷却では性質が可逆的である。しかし，原子の並び変えが必要であるため，変態温度は加熱では高温側に，冷却では低温側にずれる。同図(b)には電気抵抗と体積などの変化を曲線Aで，磁化強さの変化を曲線Bで示す。いずれもT_1から始まりT_2で終了する。

1.7.4　純金属の凝固

液相から固相に冷却して得られる純金属の冷却曲線を図1.26に示す。(a)は冷却速度が無限に低い理想的な冷却曲線である。通常の冷却速度では(b)の冷却曲線が得られ，金属の融液が凝固点になっても結晶の核はできない。凝固点よりΔTだけ低い温度まで冷却すると数百から数千の原子が集まって，規則的に配列する小さな結晶核（crystal nucleus）ができる。この現象を過冷却（super cooling），ΔTを過冷度という。過冷度は融液内に新しい結晶を作るために必要なエネルギーの源になる。

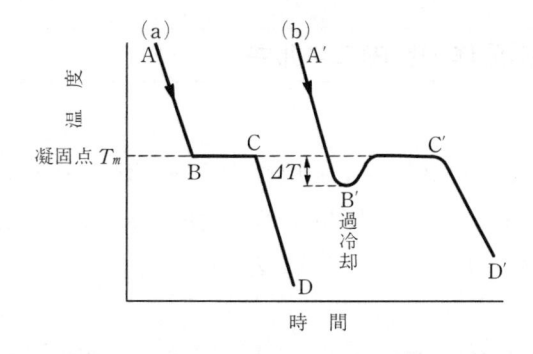

図1.26 純金属の冷却曲線

凝固温度より $\varDelta T$ だけ低い温度で結晶核ができると潜熱の放出で残液の温度は上昇して，凝固温度に達する．その後，凝固温度のままで結晶が成長し，全体の凝固が終了すると再び温度は低下する．この過程の結晶形成モデルを**図1.27**に示す．最初の結晶核は異なる結晶方向で規則的に配列するから，結晶核どうしの結晶方位は相互に異なる．このため，凝固完了後では結晶方位が異なる多結晶になる．過冷却の程度は金属で異なるが，Sb，Sn などでは過冷却が起きやすい．普通の鋳造では，過冷度はだいたい 10 ℃ 程度である．なお，冷却速度が高い場合，結晶核が多数発生するので，結晶粒径は小さくなる．なお，液相からの結晶形成理論は 1.14 節で述べる析出理論に対応する．

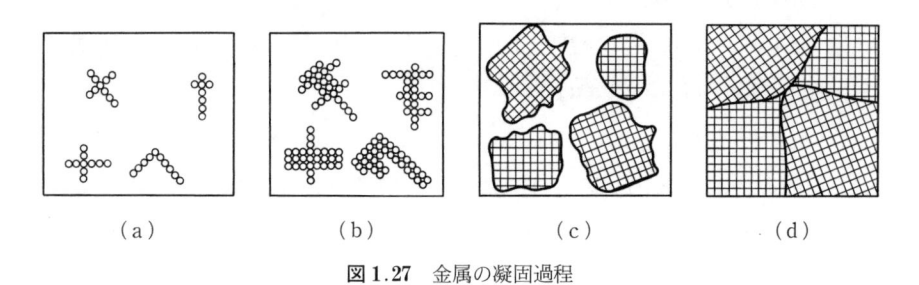

図1.27 金属の凝固過程

演 習 問 題

【1.13】 四元合金において同時に6個の相を観察することが可能であるか．

【1.14】 溶融金属の量が少なく，かつ鋳型の熱吸収量が多い場合にはどのような冷却曲線を描くか．

1.8 固溶体の自由エネルギー

1.8.1 自由エネルギー

熱力学の立場で物体の平衡状態を扱う場合，自由エネルギー（free energy）という考え方がある。自由エネルギーには Helmholtz の自由エネルギー A とギブズの自由エネルギー G があり，それらは次式で表される。

$$A = E - TS$$
$$G = E + PV - TS = H - TS$$

ここで，E は内部エネルギー（internal energy），S はエントロピー（entropy），T は絶対温度，P は圧力，V は体積，H はエンタルピー（enthalpy）である。

一つの系において可逆反応（reversible reaction）を考える場合，A の微小変化 dA は

$$dA = dE - TdS - SdT \tag{1.6}$$

となる。ここで，熱力学の第1法則と第2法則より

$$dE = TdS - PdV$$

であるから，式(1.6)は

$$dA = -PdV - SdT \tag{1.7}$$

となる。定温（$dT = 0$）では

$$dA = -PdV$$

が得られる。ここで，PdV は外部になす仕事量であるから，dA は圧力に対して負の仕事量になる。言い換えれば，定温で仕事をすると，その系では仕事をする能力が減少する。したがって，定温における不可逆反応の場合，外部になされる仕事量は PdV より少なくなる。これらより一般に，A の微小変化 dA は次のようになる。

$$dA \leq -PdV$$

定容（$dV = 0$），定温（$dT = 0$）では，式(1.7)より

$$dA = 0$$

となる。不可逆反応を含めると一般に

$$dA \leq 0$$

である。以上より，定容，定温の系における自然的変化では A が減少する方向に進行することがわかる。

G においても同様に考えられるから，可逆反応における G の微小変化 dG は

$$dG = VdP - SdT \tag{1.8}$$

定温，定圧の可逆反応では

$$dG = 0$$

となり，不可逆反応を含めると一般に

$$dG \leq 0$$

になる。

金属および合金の変化は，通常，1気圧の定圧下において扱われる。この場合，圧力による体積変化は小さく，無視できる。したがって，$G = A = F$ と仮定し，金属および合金の自由エネルギーとして次式の F を用いる。

$$F = E - TS \tag{1.9}$$

平衡条件では $dF = 0$，非平衡条件では $dF \leq 0$ であるから，金属および合金の自然的変化は F が減少する方向に進む。

1.8.2 固溶体の内部エネルギー

式(1.9)で示された固溶体の内部エネルギー E と組成の関係について考える。単純化のため，置換型固溶体を構成する金属 A，B が同じ結晶系であり，等しい原子容を有し，かつ原子間力は最近接原子間のみで作用すると仮定する。固溶体の原子数を N，A の原子数を N_A，B の原子数を N_B とすれば

$$N = N_A + N_B$$

A 原子の原子濃度（atomic concentration）を C とすれば

$$N_A = CN, \quad N_B = (1 - C)N$$

となる。

次に，原子の対（pair）はA-A，A-B，B-Bの3種類である。これらの原子対の結合エネルギー（binding energy）をそれぞれ V_{AA}，V_{AB}，V_{BB} とし，原子の最近接原子数を Z とする。まず，一つのA原子に注目すると，A-Aができる確率は N_A/N であり，それが最近接原子数の Z 倍であるから，ZN_A/N になる。次に，A原子は N_A 個あるから，A-A対はその N_A 倍になるが，対では1原子を2回数えている。したがって，A-A対の数は次のようになる。

$$\text{A-A 対の数} = \frac{N_A}{2} \cdot \frac{ZN_A}{N} = \frac{ZN_A^2}{2N}$$

同様に

$$\text{B-B 対の数} = \frac{N_B}{2} \cdot \frac{ZN_B}{N} = \frac{ZN_B^2}{2N}$$

$$\text{A-B 対の数} = \frac{1}{2}\left(\frac{N_A ZN_B}{N} + \frac{N_B ZN_A}{N}\right) = \frac{ZN_A N_B}{N}$$

これらより，内部エネルギー E は次のようになる。

$$\begin{aligned} E &= \frac{ZN_A^2}{2N}V_{AA} + \frac{ZN_B^2}{2N}V_{BB} + \frac{ZN_A N_B}{N}V_{AB} \\ &= \frac{1}{2}NZ\left\{CV_{AA} + (1-C)V_{BB} + 2C(1-C)\left(V_{AB} - \frac{V_{AA}+V_{BB}}{2}\right)\right\} \end{aligned}$$

(1.10)

上式の第1項と第2項はそれぞれAだけ，Bだけの金属結晶であるときの内部エネルギーである。言い換えれば，結晶がA結晶とB結晶に完全分離した混合物（mixture）のエネルギーに相当する。第3項は括弧内が正負のどちらの値をもとる。そこで，第3項を次のように V とおく。

$$V = V_{AB} - \frac{V_{AA}+V_{BB}}{2}$$

$V > 0$ の場合，E は完全分離のA，B結晶からなる混合物エネルギーより大きい。したがって，この場合，固溶体は**図1.28**(a)の混合物になる傾向を示す。

逆に $V < 0$ の場合，$V_{AA} \approx V_{BB}$ であれば，異種金属原子どうしの引力が同種金属原子どうしの引力より大きく，同図(b)の固溶体を形成する傾向が強く

1.8 固溶体の自由エネルギー

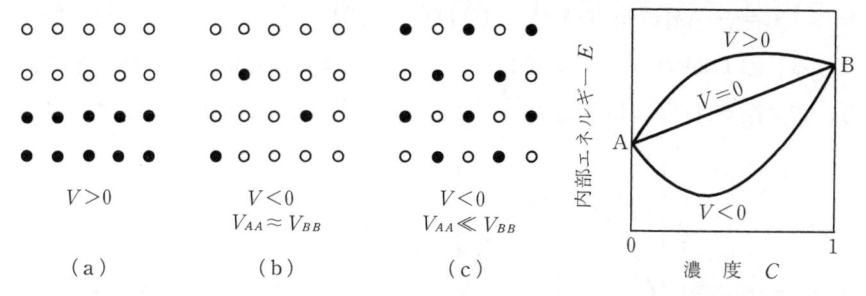

| (a) V>0 | (b) V<0, $V_{AA} \approx V_{BB}$ | (c) V<0, $V_{AA} \ll V_{BB}$ |

図1.28 原子結合力と原子配列

図1.29 合金の内部エネルギーと濃度の関係（$V_{AA} < V_{BB}$ の場合）

なる。$V < 0$ で、かつ $V_{AA} \ll V_{BB}$ の場合，同図（c）の規則格子や金属間化合物を形成する。**図1.29**に合金の内部エネルギーと濃度の関係を示す。

1.8.3 固溶体のエントロピー

混合のエントロピー S について考える。統計力学によれば，S は確率 w を用いて

$$S = k \ln w$$

で表すことができる。k はボルツマン定数である。したがって，S は，A，B 原子の配置方法を考えることで求まる。このため，S は配置エントロピー (configuration entropy) ともいう。

N 個の格子点に N_A 個の A 原子と N_B 個の B 原子を配列する方法の数，すなわち w は次のようになる。

$$w = \frac{N!}{N_A! N_B!}$$

したがって

$$S = k \ln w = k \ln \left(\frac{N!}{N_A! N_B!} \right)$$

である。N が十分に大きいとき，次の Stirling の公式が使える。

$$\ln N! = N \ln N - N$$

これより

$$S = -Nk[C \ln C + (1-C)\ln(1-C)] \tag{1.11}$$

となる。図1.30のSとCの関係は，AとBをばらばらに混合したことによる，言い換えれば，固溶化したことによるエントロピーの増加を示している。

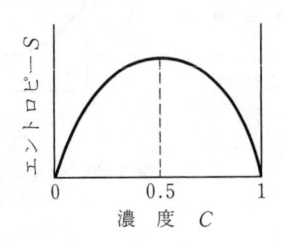

図1.30　エントロピーと濃度の関係

1.8.4　固溶体の自由エネルギー

固溶体における自由エネルギーと濃度の関係式として，式(1.9)，(1.10)，(1.11)より，次式が得られる。

$$\begin{aligned}F &= E - TS \\ &= \frac{1}{2}NZ\{CV_{AA} + (1-C)V_{BB} + 2C(1-C)V\} \\ &\quad + TNk[C \ln C + (1-C)\ln(1-C)] \end{aligned} \tag{1.12}$$

ただし，$V = V_{AB} - (V_{AA} + V_{BB})/2$ である。

自由エネルギーFと濃度Cの関係は，Vが負，ゼロ，正により，図1.31のようになる。なお，同図は$V_{AA} < V_{BB}$の場合である。

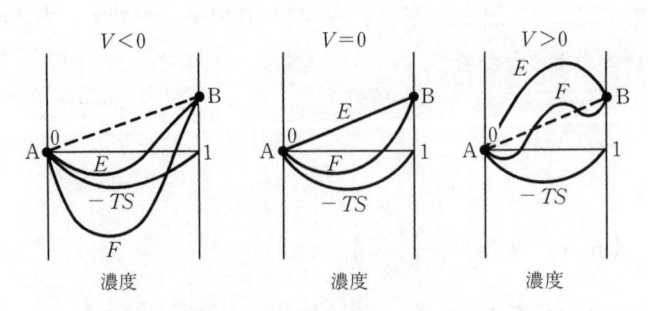

図1.31　固溶体合金の自由エネルギーと組成の関係

演習問題

【1.15】 $S = k \ln w = k \ln\left(\dfrac{N!}{N_A! N_B!}\right)$ に Stirling の公式を用いることで式(1.11)を導きなさい。

1.9 自由エネルギー曲線と平衡状態図

状態図とは合金の組成と相の種類と温度の関係を示すものであり，平衡状態図ではその相互関係が時間的に変化しない状態を示す．合金の自由エネルギーと組成および温度との関係を求めることができれば，状態図の理論的作成が可能である．

1.9.1 混合物の自由エネルギー

2相が共存する合金の自由エネルギーを考える．**図 1.32** に示すように，A，B の 2 成分からなる合金を c の割合で混合したところ，a 相，b 相が得られたとする．このとき，a 相，b 相の量比はてこの法則 (1.10.2 項参照) で求めることができ，次のようになる．

$$\frac{a\,相}{b\,相} = \frac{\text{DE}}{\text{CD}}$$

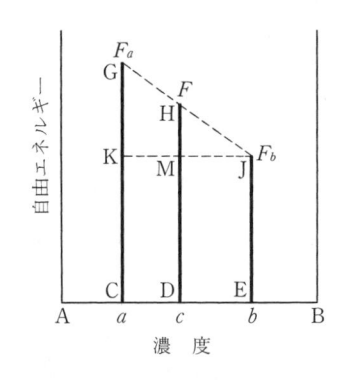

図 1.32 2相合金のてこの関係と自由エネルギー

a 相，b 相の自由エネルギーをそれぞれ $F_a = \text{GC}$，$F_b = \text{JE}$ とするとき，濃度 c の混合物における自由エネルギー F は J と G を結ぶ直線上の濃度 c に

相当する量である。

1.9.2 合金の安定状態

自由エネルギー曲線から，合金の安定状態を調べることができる。同じ結晶構造を有する2成分からなる合金の自由エネルギーの形は，図1.31のように，Vの値により，図1.33(a)と(b)の2種類に分類できる。

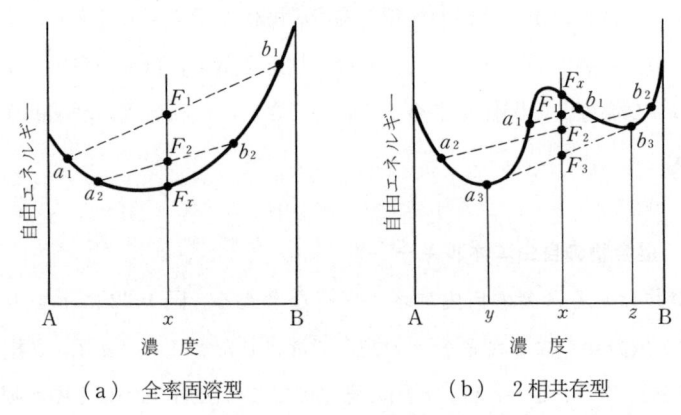

(a) 全率固溶型　　　(b) 2相共存型

図1.33　固相の自由エネルギー濃度曲線における平衡状態

まず，図(a)を考える。濃度xの合金がa_1相，b_1相の2相共存であるとき，自由エネルギーはF_1になる。また，合金がa_2相，b_2相の2相共存であれば，F_2の自由エネルギーになる。一方，濃度xの合金が単独相であるときの自由エネルギーはF_xであり，この値はF_1，F_2のいずれよりも小さい。さらに，xがいかなる濃度でも，F_xは2相が共存する場合の自由エネルギーよりも必ず小さくなる。したがって，自由エネルギー曲線が全率固溶型である場合，単独の固溶体が，全濃度範囲にわたり安定であり，2相共存は存在しない。

次に，図(b)の場合を考える。濃度xの合金がa_1相，b_1相の2相共存であると，自由エネルギーはF_1になる。また，a_2相，b_2相が共存する場合の自由エネルギーはF_2である。F_1，F_2はいずれも単独相のみの自由エネルギーF_x

より小さい。一方，図の自由エネルギー曲線に接線を引き，その接点を a_3，b_3 とすれば，a_3 相と b_3 相からなる2相共存の自由エネルギー F_3 は x 組成がとりうる自由エネルギーの最小を示す。したがって，yz 間の合金はいずれの濃度でも a_3 相と b_3 相が存在する共存型になる。なお，Ay と Bz の濃度範囲では，単独の固溶体の自由エネルギーが最も小さく，単独相が安定である。

1.9.3　全率固溶する場合

A，B からなる二元合金の全濃度範囲で完全固溶体が作られる場合を考える。**図 1.34** は種々の温度における固相および液相の自由エネルギー（a）（b）（c）とそれらに対応する平衡状態図（d）である。なお，A，B の融点を T_A，T_B とすれば，$T_1 > T_A > T_2 > T_B > T_3$ である。極めて高温の T_1 では，液相（L）の自由エネルギーがすべての濃度において固相（α）の自由エネルギーより小さく，液相が安定である。温度が T_A 以下になると，図（b）のように，A 側における固相の自由エネルギーは液相の自由エネルギーより低くなる。このため，Bを少し含む固相がBを多く含む液相より安定になる。したがって，全体の平均濃度は X_M であるが，1.9.2 項より固液共存であり，濃度 X_α の固溶体が濃度 X_L の液相内に存在する。温度がさらに下がり，Bの融点 T_B 以下になると，全濃度範囲で，固相の自由エネルギーは液相より低くなる。このため，固相がすべての濃度で安定である。

状態図は種々の温度における自由エネルギーの情報を組み入れたものである。図 1.34（d）の二元系状態図では液相（L），固相（α）それぞれの領域と，2 相共存領域（$L + \alpha$）がある。液相領域と2相共存領域の境界線を液相線（liquidus line），2 相共存領域と固相領域の境界線を固相線（solidus line）という。2 相共存領域内の等温線を共役線という。2 相平衡状態の各相濃度は共役線と固相線，液相線それぞれとの交点で与えられる。温度 T_2 の場合，2 相の濃度は固相が C 点の X_α，液相が D 点の X_L である。

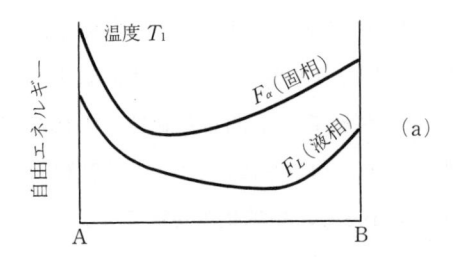

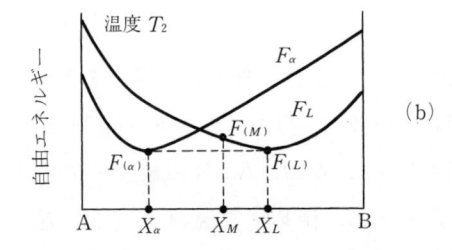

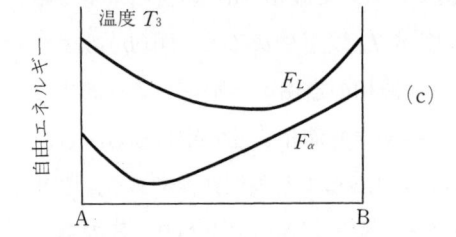

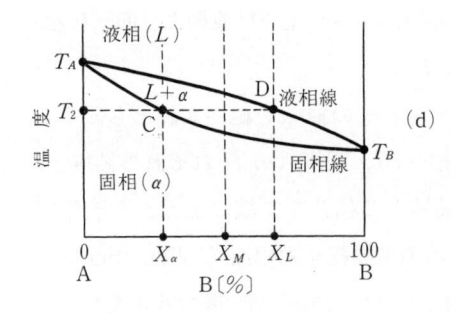

図1.34 種々の温度における固相と液相の自由エネルギーとそれに対応する平衡状態図 ($T_1 > T_A > T_2 > T_B > T_3$)

演 習 問 題

【1.16】 図1.32において,自由エネルギーFがJとGを結ぶ直線上の濃度cに相当することを示しなさい.

1.10 二元平衡状態図(1) —全率固溶型状態図—

1.10.1 合金組成の表し方

二元合金状態図は横軸に組成，縦軸に温度をとる．まず，横軸であるが，A，Bからなる合金組成，すなわち濃度を表示する．Aの量を x，Bの量を y とし，$100x/(x+y)$ を％で表す．横軸の左端はBが0％（Aが100％），右端はBが100％（Aが0％）になる．量が重量であるとき，重量パーセント（weight percent, wt%），あるいは，重力加速度が一定である地球表面で扱うので，質量パーセント（mass percent, mass%）という．量が原子数であるとき，原子パーセント（atomic percent, at%），量が体積である場合，体積パーセント（volume percent, vol%）という．なお，一般的には，アルファベットの早い元素を X 軸の左側，遅い元素を右側とする．

1.10.2 てこの法則

図1.35では，A，Bからなる組成 X の合金Qが，温度 T において，組成 X_α の α 相，組成 X_β の β 相の2相から構成されている．このとき，α 相の量 P_α と β 相の量 P_β の比，P_α/P_β を求める．合金Qに含まれるBの量は $(P_\alpha + P_\beta)X$ であり，これが温度 T における α 相中のB量と β 相中のB量との和に等しい．したがって，次のようになる．

$$(P_\alpha + P_\beta)X = X_\alpha P_\alpha + X_\beta P_\beta$$

$$\frac{P_\alpha}{P_\beta} = \frac{X_\beta - X}{X - X_\alpha} = \frac{\mathrm{QN}}{\mathrm{MQ}}$$

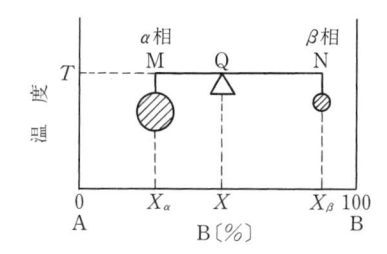

図1.35 状態図とてこの法則

これより，合金を構成する相の量比は，平均組成のQ点（X点）から両組成に至るまでの長さに反比例する。これをてこの法則（lever rule）という。

1.10.3 全率固溶型状態図

図1.36はすべての割合で固溶体を作る場合の冷却曲線と状態図である。図（a）の曲線AA'，BB'はそれぞれ純成分A，Bにおける冷却曲線であり，それぞれの融点T_A，T_Bで凝固を始め，その後一定であるが，凝固が完了すると温度の低下が再び見られる。冷却曲線では折れ点が見られる。組成Xの合金では冷却曲線がL_1で折れ点になり，凝固が始まり，S_3で凝固が終わる。

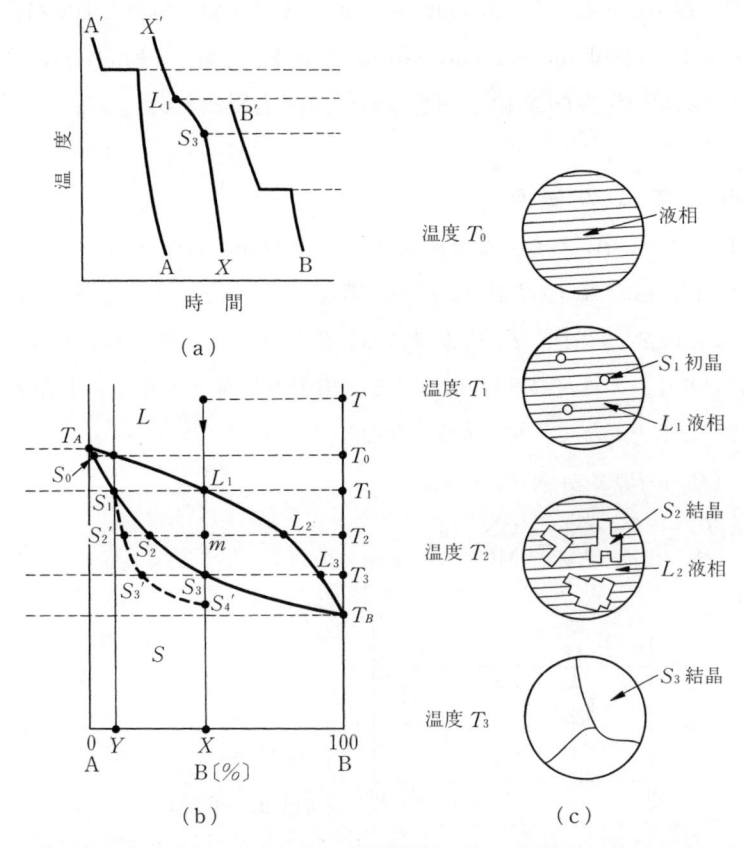

図1.36 全率固溶する場合の冷却曲線（a），状態図（b），凝固過程における結晶生成（c）

種々の組成で冷却曲線を調べ，凝固の開始と終了を温度-濃度図内にプロットすると同図（b）が得られる。

次に，図（b）の X 組成合金を高温 T の均一溶融状態からゆっくり冷却すると，液相線と交わる温度 T_1 で結晶が生成する。結晶が融液内で生まれる過程を晶出（crystallization），できた結晶を初晶（primary crystal）という。初晶の組成は S_1 である。液相の組成は L_1 であるから，晶出過程では，液相より A の過多な初晶が液相内で生成される。

液相線と固相線に囲まれる領域では融液（液相）と結晶（固相）の 2 相が存在する。この場合，相律から

$$F = C + 1 - P = 2 + 1 - 2 = 1 \tag{1.13}$$

であり，自由度は 1 になる。自由度として温度を考えれば，濃度は従属して決まる。したがって，温度をゆっくり低下させると，液相の濃度は液相線に沿って，また，結晶（固相）の濃度は固相線に沿って変化する。この場合，結晶の濃度変化は 1.13 節で述べる原子の固体内拡散（diffusion）により，結晶の中心から外側まで濃度が均質化される。

いま，温度が T_2 に至ると，液相の濃度は L_2 に，また，結晶の濃度は S_2 になる。この液相と固相の量比は，てこの法則から，次のようになる。

$$\frac{液相（L_2）}{固相（S_2）} = \frac{S_2 m}{m L_2}$$

さらに温度を下げて，固相線と交わる T_3 になると融液はなくなり，全部が平均組成である濃度 S_3 の結晶になる。この状態は常温から絶対零度まで続く。以上の凝固過程における温度と濃度の変化状態，量の変化状態を図にしたのが平衡状態図である。全率固溶型状態図を示す二元合金には Au-Ag，Pt-Pd，Cu-Ni 合金などがある。

1.10.4 帯域溶融法

より純度の高い金属を作る精錬法に帯域溶融法（zone melting method）がある。この精錬原理は全率固溶型状態図に基づく。

図 1.36(b) の X 組成合金が凝固する T_1 温度では合金組成の X より B が少ない S_1 組成の固溶体が晶出する。そこで，この S_1 だけを取り出せば，A が多く含まれる固溶体 Y が得られる。次に Y 固溶体を再溶解した後，凝固させると Y 固溶体より A を多く含む S_2 組成の初晶が得られる。これを何回も繰り返せば，より高純度な金属が得られる。

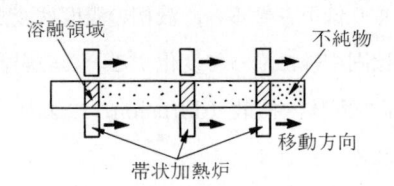

図 1.37 に帯域溶融法を示す。長い棒状金属を幅の狭い高周波炉で一端から加熱溶解し，炉をゆっくり移動すると，金属の溶融帯もゆっくり移動し，端から純度の高い結晶が晶出する。これを繰り返すことで，図では，不純物が右側に集まるから，最後に右側を切断する。この精錬法は凝固時の偏析（segregation）を利用しており，Al や Ge などでは 99.999 999 999 %（9^{11}, eleven nine）以上の純度が得られる。

図1.37 帯域溶融法

1.10.5 有 心 組 織

図 1.36(b) の実線は，冷却速度が極めてゆっくりと，言い換えれば，平衡冷却で得られる平衡組織を示す。しかしながら，実用合金では冷却速度が急速であるため，原子が安定な位置まで固相内拡散により移動する時間がない。この結果，晶出する固相の濃度は内側と外側で異なる。

合金の冷却速度が固体内原子の拡散速度より高い場合，図 1.36(b) の破線で示す非平衡凝固組織が得られる。例えば，X 組成の合金において，温度が瞬時に T_1, T_2, T_3, T_4 まで低下し，凝固が完了したと仮定する。この場合，T_1 温度では S_1 組成の固相が晶出し，それを包むように，T_2 温度では S_2 組成の結晶が成長する。このため，結晶の平均濃度 S_2' は $S_1 < S_2' < S_2$ になる。また，固相温度 T_3 における結晶組成 S_3' では $S_2 < S_3' < S_3$ であり，液相は

残るが，温度 T_4 では $S_3 = S_4'$ となり凝固が終了する。この場合，固相線温度より低い温度まで冷却しないと凝固は完了しない。図 1.36(b) の $S_1S_2'S_3'S_4'$ 線を非平衡固相線（nonequilibrium solidus line）という。また，偏析が中心ほど大きい図 1.38 の組織は有心組織（cored microstructure）といわれる。有心組織の金属は機械的強度が低い。このため，塑性加工でこれを破壊し，その後，加熱する手法で均一組織が作られる。

図 1.38 冷却速度が急速な場合にできる有心組織

演 習 問 題

【1.17】 wt% と at% の換算式を求めなさい。

【1.18】 図 1.37 の帯域精錬モデルにおいて，金属棒の左側が高純度になる理由を述べなさい。

1.11 二元平衡状態図（２）―共晶反応型状態図―

共晶反応型状態図は液体状態で完全に溶け合うが，固相では，①全く固溶しない場合，②一部を固溶し合う場合，の 2 種類に分類される。①は Bi-Cd，Au-Si 合金である。②は Ag-Cu，Pb-Sn 合金など多くの合金がある。これらの状態図は A，B の融点差が小さい組合せの場合に多く見られる。①は少数であるので省略する。

1.11.1 固相で一部分を固溶する場合

図 1.39 で，T_A と T_B はそれぞれ A と B の融点であり，T_AE と T_BE はともに液相線，CED は共晶線である。

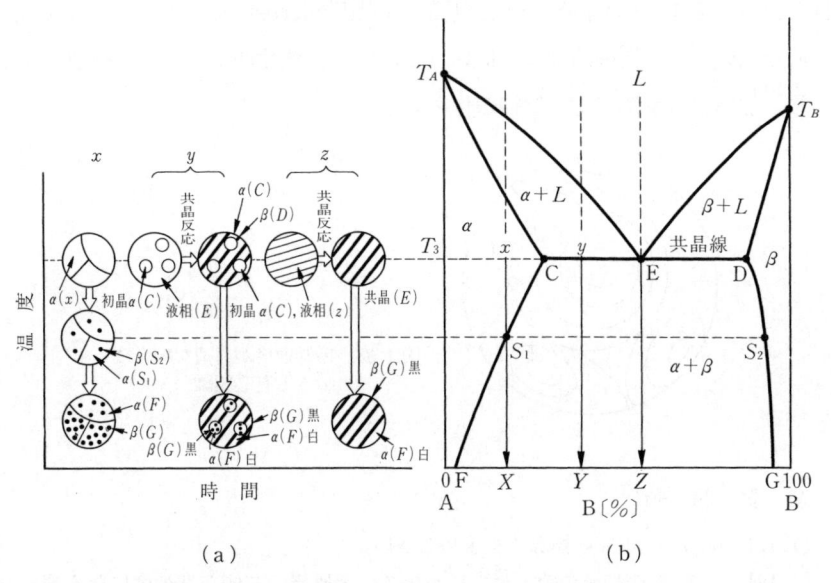

図 1.39 固相で部分的に固溶する共晶反応型合金における共晶温度以下の凝固組織(a)と状態図(b)

固相において，ある限度（C，D 点）まで互いに α あるいは β 固溶体を作るが，CD 間では 2 種の固溶体が共晶を作る場合の共晶反応型状態図を図(b)に示す。また，図(a)は共晶温度 T_3 以下の凝固組織図である。なお，図において，T_AAFC と T_BBGD の範囲は，それぞれ A 主体の α 固溶体，B 主体の β 固溶体である。α 固溶体，β 固溶体はそれぞれ，CF，DG の溶解度曲線をもつ。E は共晶点であり，次の共晶反応を行う。

$$融液 (E) \longrightarrow \alpha \text{固溶体 (C)} + \beta \text{固溶体 (D)} \tag{1.14}$$

上式の右側は α，β の固溶体が交互に並ぶ層状組織である。

融液から共晶温度の直上までの領域では図 1.36(b)の実線で示す全率固溶の場合に対応する凝固組織が得られる。図 1.39(b)において，X 組織の α 固

溶体を冷却し，溶解度曲線と交わる S_1 では β 固溶体が析出（precipitation）する。α 固溶体の組成は S_1，β 固溶体の組成は S_2 である。さらに，温度が低下すると α 固溶体は S_1F に，また，β 固溶体は S_2G に沿って析出が進行し，室温では微細な β(G) が α(F) 内に分散する組織になる。

Y 組織の合金では共晶温度の直上まで融液であるが，共晶温度 T_3 になると共晶が晶出し始め，全部が共晶になった後，温度が低下する。共晶温度以下になると，初晶 α(C) と層状の α(C) は CF 線に沿って，また，初晶 α(C) 内の析出相 β(D) と層状の β(D) は DG 線に沿って，それぞれの組成を変える。室温の組織は初晶 α(F) と初晶内に分散した微細な析出相 β(G)，および α(F) と β(G) からなる層状の共晶である。Z 組成の共晶は Y 組成の初晶がゼロである場合に対応する。

1.11.2 共晶と可鋳性

鋳物合金として好ましい性質，すなわち，可鋳性のうちで，共晶と関連の深い湯流れ，偏析，強さについて述べる。

〔1〕 湯 流 れ

図 1.40 に状態図と長溝に融液を流し込んで得た流動長の関係を示す。純金属と共晶では流動長の値は大きいが，凝固温度区間の広い合金では流動長の値が小さい。この理由を考える。

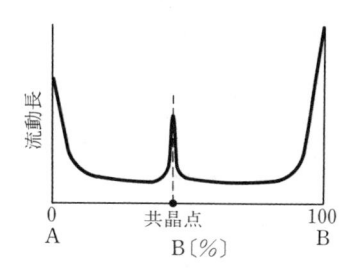

図 1.40 状態図と流動長の関係

鋳型に組成 C_0 の融液を注入すると，鋳型壁では，図 1.41 (a) の状態図により，組成 S_0 の固相が晶出する。成長を続ける固相の固液界面では，固相内の

(b) 固液界面での濃度分布

(a) 状態図　　　　(c) 固液界面での温度分布

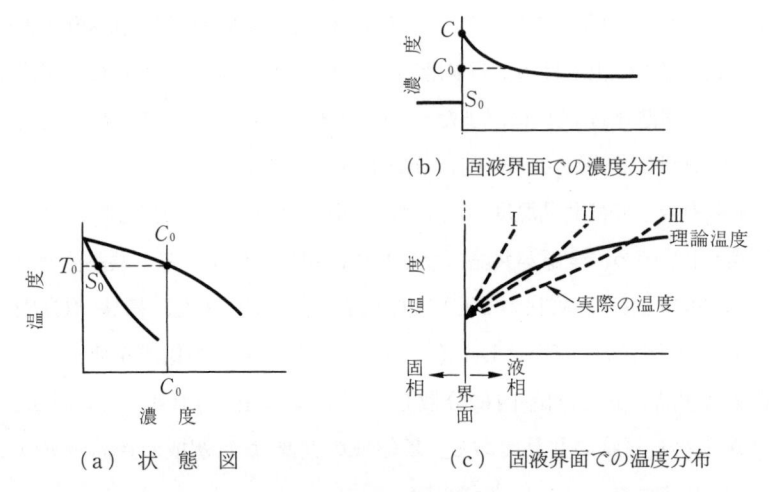

図1.41　組成的過冷の説明図

溶質原子が融液へ排出されるので，同図(b)に示すように，融液側で溶質濃度の高い濃度分布となる。一方，融液中の各位置における理論温度は液相線温度から求まり，同図(c)の実線になる。しかし，実際の温度は凝固時間に伴って，I→II→IIIとしだいに緩やかに変わるが，IIとIIIでは一部で液温が理論温度以下になり，過冷が起こる。このため，固液界面より前方の融液部では結晶化が進む。これを組成的過冷（constitutional supercooling）という。組成的過冷が起こると固液界面の形が不安定となり，界面の凹凸が激しくなる。これに対し，純金属，共晶などでは固相と液相の組成は同じであるから，組成的過冷が起きず，その上，界面エネルギーを小さくする作用も重なり，平滑な界面が形成される。図1.42に固有の融点をもつ純金属や共晶(a)と凝固温度区間

(a) 純金属・共晶　　(b) 凝固温度区間が長い合金

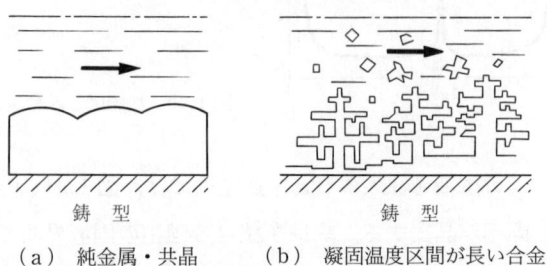

図1.42　固液界面の形状と流動状態

の長い合金(b)の界面形状を示す。凝固温度区間が長い合金では，凹凸に加え組成的過冷で晶出する微細結晶も融液の流動性を低下させる原因になる。

〔2〕 偏　　析

図 1.43 において，X 組成の融液を急冷する場合を考える。共晶温度の直上までは図 1.38 の場合と同様であり，有心組織の結晶が晶出する。平衡状態の場合，凝固は温度 T_2 で完了する。しかし，急冷の場合，温度 T_2 では液体が残存しており，T_3 の共晶温度に至り，残存する液体はすべて共晶凝固する。非平衡な共晶と初晶の割合は

$$\frac{\text{非平衡共晶}}{\text{非平衡初晶}} = \frac{C'X'}{CE}$$

である。このような凝固偏析は凝固温度区間（例えば L_1S_2 の温度幅）が長い合金ほど起きやすく，機械材料には好ましくない。

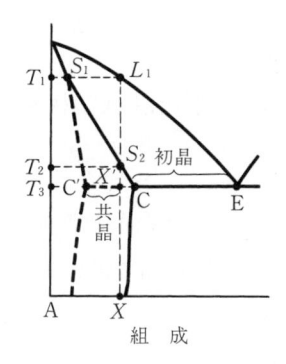

図 1.43　急冷で得られる凝固偏析

〔3〕 強　　さ

共晶合金は，①2相が同時に晶出するので微細結晶が分布し強靭である，②最初から最後まで固液界面が平滑であるため偏析が生じない，③凝固に伴うガスの放出が容易である，など多くの長所がある。このため，共晶合金は理想的な鋳物材料である。

1.11.3　共晶と低融点

共晶の一つの特徴は A，B 成分からなる共晶温度が A，B のそれぞれの融

50　1. 材料の性質

点より低いことである。金ろう，銀ろうなど多くの金属ろう（solder）はこの性質をうまく利用している。また，温度ヒューズは所定の温度で断線することが必要である。多くの元素を加えることで共晶温度を調整し，所定の低融点をもつ可融合金（fusible metal）が作られている。

演 習 問 題

【1.19】 図1.39において，ED間の組成をもつ合金を融液状態から室温まで冷却するときの相変化を図で示しなさい。

【1.20】 図1.39において，F，C，E，D，Gをそれぞれ10，20，40，80，90％，Yを30％とする。次の割合を求めなさい。
① Y合金の共晶温度における α/β 値および初晶/共晶の値
② Y合金の室温における α/β 値および共晶内の α/β 値

1.12　二元平衡状態図（3）
—包晶型，偏晶型および中間相生成型状態図—

1.12.1　包晶型状態図

図1.44の包晶型状態図（peritectic phase diagram）は液体状態でも完全に溶け合い，固相でも一部溶け合うが，一方の固相側で包晶（peritectic）を作る場合である。A，Bの融点差が大きい組合せで多く見られる。Co-Cu，Cd-Hg，Pt-Re合金などでは全範囲にわたり包晶型状態図を示す。

図で，曲線 T_AD と DT_B は液相線，T_AC と PT_B は固相線，CGとPFは溶解度曲線であり，水平線のCPDは包晶線，Pは包晶点である。

包晶点Pを通る Y 組成の合金を液相状態から冷却すると液相線との交点 L_2 で $\alpha(S_2)$ 固溶体を晶出する。温度 T_3 に達した直後では

$$\frac{\text{液相（D）}}{\text{初晶の }\alpha\text{ 相（C）}} = \frac{CP}{DP}$$

の量比であるが，次いで，包晶温度のまま時間が経過し，次の包晶反応が進行する。

1.12 二元平衡状態図（3）

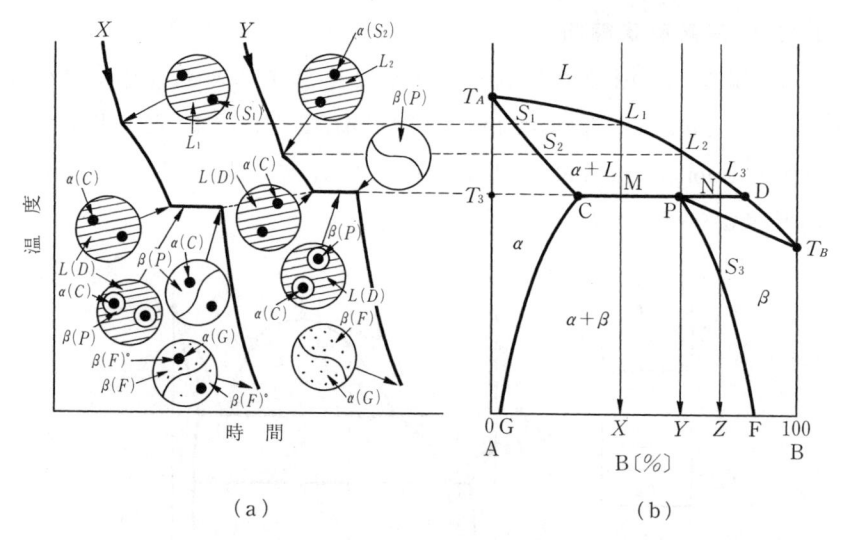

図 1.44 包晶反応を行う冷却曲線と組織変化（a）と包晶型状態図（b）

液相（D）＋ α(C) 固溶体 $\longrightarrow$ β(P) 固溶体

この包晶反応では β(P) 相が α(C) を包むように成長し，全体が β(P) 固溶体になると凝固が完了する．さらに，包晶温度以下になると β 相内に微細な α 相を析出しながら，母相の β 相は PF 線に沿って，また α 相は CG 線に沿って組成を変える．そして，室温では β(F) 相内に微細な α(G) 相が分散する組織になる．

X 組成の合金では，包晶温度 T_3 において包晶反応が終了すると，液相は完全に消費されるが，初晶の α 相は残存し，β(P) が α 相を包んだ組織となる．その量比は CM/MP である．なお，Z 組成の包晶温度における相変化では，包晶反応が終了するとき β 相は液相内に残存し，その量比は

$$\frac{\beta(\mathrm{P})\,相}{液相\,(\mathrm{D})} = \frac{\mathrm{ND}}{\mathrm{NP}}$$

である．なお，図 1.44 において，C 濃度より低い濃度範囲では包晶反応が起こらない．

1.12.2 偏晶型状態図

成分金属 A，B の密度や表面張力などが大きく異なるとき，液相は 2 相に分かれることがある．液相が 2 相に分離する場合，しばしば，図 1.45 の偏晶型状態図（monotectic phase diagram）となる．この状態図をもつ合金には Zn-Pb, Cu-Pb 合金などがある．

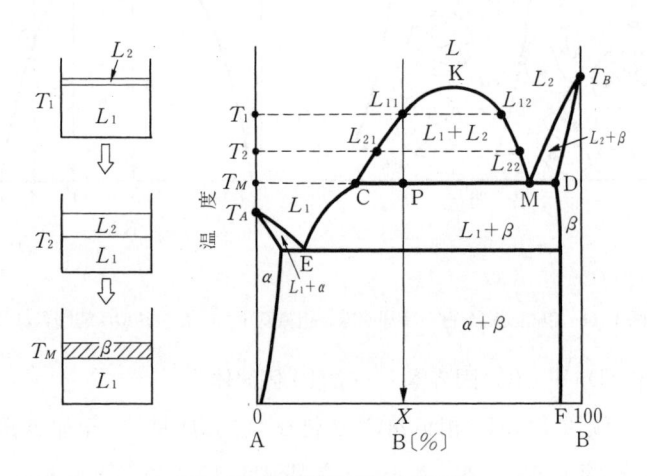

図 1.45　偏晶型状態図と相変化

図において，曲線 MKC は 2 相分離曲線で，温度 T_M 以上の曲線の内側が 2 液相共存の状態にある．X 組成の液相は温度 T_1 以上では 1 相であるが，温度 T_1 では組成 L_{11} の液相 L_1 と組成 L_{12} の液相 L_2 に分離する．温度低下に伴い L_2 の量が増大し，温度 T_M の直上では

$$\frac{液相\ L_1(\mathrm{C})}{液相\ L_2(\mathrm{M})} = \frac{\mathrm{MP}}{\mathrm{CP}}$$

である．この場合，もし，L_1 の比重が L_2 より大きいならば，L_1 は下に，L_2 は上に位置する 2 相になる．その後，温度 T_M のままで経過時間に伴い次の分解反応が起こる．

$$液相\ L_2(\mathrm{M}) \longrightarrow \beta(\mathrm{D})\,固溶体 + 液相\ L_1(\mathrm{C})$$

この反応式は上層内の液相 L_2 だけで β 固溶体が偏って晶出する．このため，偏晶反応という．水平線 CPM を偏晶線，M を偏晶，T_M を偏晶温度とい

う。なお，液相 L_2 が完全に消費し尽くされるまで，偏晶温度は保持され，偏晶の終了時では

$$\frac{\beta(D) 固溶体}{液相 L_1(C)} = \frac{CP}{PD}$$

である。偏晶温度以下では，β 固溶体は DF，液相 L_1 は EC に沿って組成を変化させる。

1.12.3 中間相生成型状態図

A，B からなる金属間化合物は A_mB_n で表される。金属間化合物が A，B 成分と固溶体を作らず，また，特有の融点をもつとき，**図 1.46** の状態図ができる。図中の C 点は金属間化合物の融点である。A_mB_n を 1 成分とすると，図の左側は A-A_mB_n 系，図の右側は A_mB_n-B 系の共晶系状態図であるとみなすことができる。Mg-Si，Mg-Ca，Mg-Sn 合金などがこれに属する。

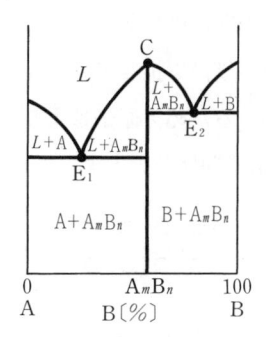

図 1.46 金属間化合物を生成する状態図

1.12.4 共　　　析

共析反応（eutectoid reaction）とは一つの固溶体が結晶系の異なる二つの固相，いわゆる共析相に変化する次の反応をいう。

$\beta(E')$ 固溶体 ⟶ $\alpha(C)$ 固溶体 ＋ $\gamma(D)$ 固溶体

共析組織は共晶組織に比べて著しく微細である。炭素鋼のパーライトは共析の代表例である。

演習問題

【1.21】 図1.44において，Z組成の合金を溶液から室温まで冷却する際の相変化を図で示しなさい。

1.13 結晶内原子の拡散

1.13.1 拡散の機構

溶媒Aに溶質Bが固溶し，かつ，B濃度の場所による差があるとき，温度を上げると時間の経過に伴って原子はB濃度が均一になる方向に移動し，やがて一様な固溶体になる。これを拡散（diffusion）という。

結晶内原子は固有の格子点を中心に振動している。この格子点原子は0Kで静止しているが，温度が高くなると原子の振動振幅は増大する。そして，十分な熱エネルギーになると，原子は一つの場所から他の場所へ移動する。移動に要する1回のジャンプ距離は原子直径程度以内である。

結晶内の格子欠陥は拡散にとって重要な役割を担っている。例えば，温度が上昇すると結晶内の原子空孔濃度が上昇するため，原子はより拡散しやすい。図1.47に拡散の機構である空孔拡散と格子間拡散を示す。

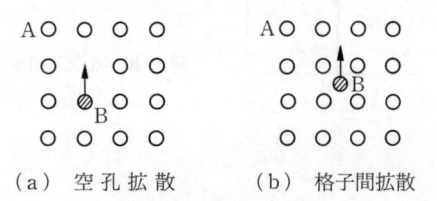

(a) 空孔拡散　　(b) 格子間拡散

図1.47 拡散機構

拡散には鋼の浸炭のようにある原子が金属中に侵入して拡散する1方向だけの単一拡散（unidirectional diffusion）と，2種類の金属を接触させ，相互の金属が位置を入れ替える相互拡散（mutual diffusion），および同一金属内で互いの位置を入れ替える自己拡散（self-diffusion）がある。

1.13.2 Fick の法則

〔1〕 定常状態拡散

まず，濃度が時間的に変化しない定常状態の拡散について考える。長さ方向に濃度勾配を有し，かつ断面が単位面積である棒状固体（図1.48）を考える。長さ方向に x 軸をとり，x における断面の濃度を c とすれば，棒の断面積を単位時間に拡散する溶質量 J は濃度勾配 dc/dx に比例する。

$$J = -D\frac{dc}{dx} \tag{1.15}$$

これを Fick の拡散第1法則という。D は原子の拡散による移動速度を示し，拡散係数（diffusion coefficient）と呼ばれ，単位は $cm^2 \cdot s^{-1}$ である。なお，式(1.15)の負の符号は原子の流れが負の濃度勾配に沿って生ずることを示している。

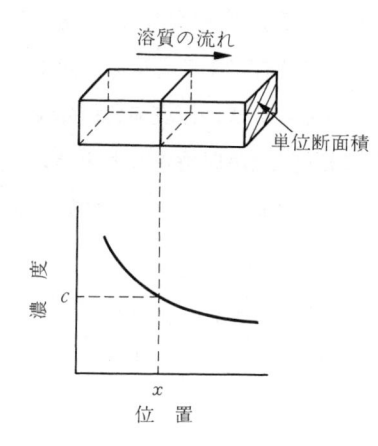

図1.48 濃度勾配と拡散

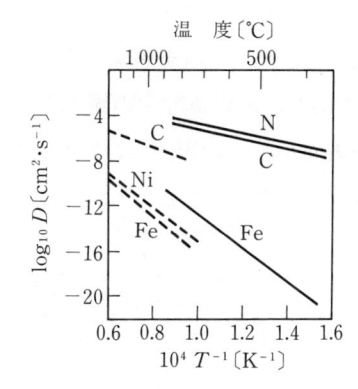

図1.49 Fe 中における各原子の拡散係数と温度の関係

D は，次式で示すように，温度 T [K] とともに指数関数的に増大する。

$$D = D_0 \exp\left(-\frac{E}{kT}\right) \tag{1.16}$$

ここで，k はボルツマン定数，D_0 は頻度因子，E は拡散の活性化エネルギー（activation energy）といい，いずれも物質に依存する定数である。図1.49

に溶媒が Fe である場合の各種元素の拡散係数 D と温度の関係を示す。実線は bcc の Fe，点線は fcc の Fe である。格子拡散の C，N は空孔拡散の Fe，Ni より著しく D が大きい。

〔2〕 **非定常状態拡散**

濃度勾配が位置と時間により変化する場合について考える。濃度分布が x に対して，図 1.50 に示すように変化するのものとする。x と $x+dx$ における二つの単位断面積において，流れ込む溶質の量を J_x，J_{x+dx} とし，$J_x > J_{x+dx}$ であるとする。dx の領域に蓄積する溶質量の速度は

$$\frac{dc}{dt} = \frac{J_x - J_{x+dx}}{dx} = \frac{d}{dx}(-J) = D\frac{d^2c}{dx^2} \tag{1.17}$$

になる。これを Fick の拡散第 2 法則といい，溶質濃度の変化速度が濃度勾配の変化割合に比例することを示す。

鉄鋼材料の表面を硬化する方法に浸炭法がある。低炭素鋼を炭素粉末などで包み，高温加熱後，焼入れして表面硬化させる操作である。炭素が鋼表面に拡散で侵入し，高炭素層を形成することができる。いま，浸炭前の鋼の炭素濃度が C_0 であり，浸炭処理中の鋼表面は常に濃度 C_s が保持されるとき，t 秒浸炭後の表面から x の深さにおける炭素濃度 C_x は式 (1.17) から近似的に求めることができ，次のようになる。

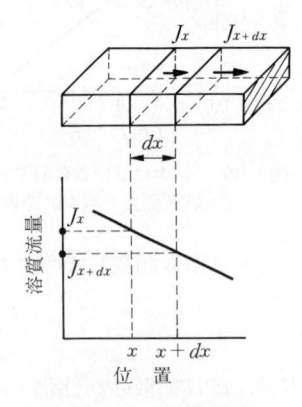

図 1.50 厚さ dx の微小部における拡散原子の増加

表 1.8 誤差関数

y	erf(y)
0	0
0.2	0.222 7
0.4	0.428 4
0.6	0.603 9
0.8	0.742 1
1.0	0.842 7
2.0	0.995 3
2.8	0.999 9

$$\frac{C_x - C_0}{C_s - C_0} = \left\{1 - \mathrm{erf}\frac{x}{2\sqrt{Dt}}\right\} \tag{1.18}$$

ここで erf はガウスの誤差関数（Gaussian error function）であり，**表1.8**に示す。

式(1.18)で，$C_x = 0.5\,C_s$，$C_0 = 0$ とすれば

$$\mathrm{erf}\frac{x}{2\sqrt{Dt}} = 0.5$$

であり，数表から次のようになる。

$$\frac{x}{2\sqrt{Dt}} = 0.47 \tag{1.19}$$

上式から，一定距離を拡散するに要する時間 t が予測できる。

1.13.3 粒界拡散

これまで取り扱った拡散はすべて単結晶内の原子移動，言い換えれば粒内拡散に関するものである。金属は多結晶であり，粒界を含んでいる。一般に，粒界では粒内に比べ不純物や格子欠陥が多く，結晶の規則性が乱れているので，エネルギー的にも拡散が起こりやすく，原子の通り道になりやすい。金属と自由表面の界面に存在する原子は金属表面に沿って動きやすい。この拡散を表面拡散という。**図1.51**に金属結晶における拡散通路と拡散係数の比較を示す。

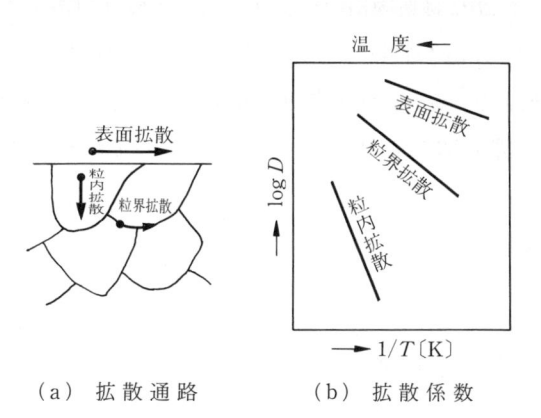

(a) 拡散通路　　(b) 拡散係数

図1.51 金属における拡散通路と拡散係数の比較

演 習 問 題

【1.22】 濃度の場所による時間的変化がゼロである場合,濃度 c と位置 x の関係を求めなさい。

【1.23】 0.3％C の鋼を1 273 K で10時間浸炭した場合,表面から1 mm の位置における炭素濃度を求めなさい。ただし,表面の炭素濃度は1.3％に保持され,1 273 K の γ-Fe 内での炭素の拡散係数を 1.0×10^{-10} とする。なお誤差関数は表1.8を用いなさい。

1.14 固体反応による合金強化法 ―固体からの析出理論―

合金強化法には,結晶粒の微細化,加工硬化,固溶体や2次相の形成,固体反応による合金強化などがある。固体反応による合金強化法には共析分解,固溶体からの析出,不規則固溶体からの析出がある。鋼の強化法の基礎である共析分解は2章で詳しく触れる。本節ではこれらの基礎になる固体からの析出理論について述べる。

α 過飽和固溶体内に半径 r の球形を有する固相（β 固溶体）の核 (nucleus) が新しく形成されたとする。このとき,系の自由エネルギーの変化 ΔF は

$$\Delta F = \frac{4}{3}\pi r^3 \Delta F_v + 4\pi r^2 \gamma \tag{1.20}$$

である。ここで,ΔF_v は新固相の単位体積当りの変態自由エネルギーの減少量,γ は新固相の単位面積当りの自由エネルギーの増加量である。式(1.20)の右辺第1項は核を作る場合の体積自由エネルギー変化,第2項は界面エネルギー変化である。**図1.52** にこれら二つの項,ΔF のそれぞれと r の関係を示す。

ΔF の極大値を

$$\frac{d(\Delta F)}{dr} = 0$$

より求めると,次のようになる。

$$r^* = -\frac{2\gamma}{\Delta F_v} \tag{1.21}$$

1.14 固体反応による合金強化法

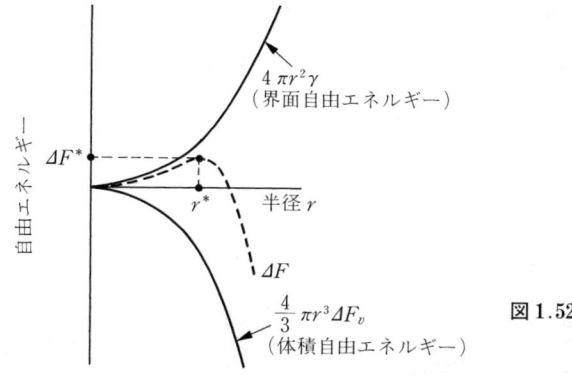

図 1.52 新しい固相の半径 r と自由エネルギーの関係

グラフ中ラベル：
- $4\pi r^2 \gamma$ （界面自由エネルギー）
- ΔF^*
- r^*，半径 r
- ΔF
- $\dfrac{4}{3}\pi r^3 \Delta F_v$ （体積自由エネルギー）
- 自由エネルギー

$$\Delta F^* = \frac{(16/3)\pi\gamma^3}{\Delta F_v^{\,2}} \tag{1.22}$$

r^* は臨界核半径，ΔF^* は臨界核の形成エネルギーである．r^* 以下の核は，芽（embryo）といい，自然消滅するが，r^* 以上の核は成長する．

一方，核生成の融解熱を ΔE_v，エントロピーの変化を ΔS_v とし，$\alpha \longrightarrow \beta$ の変態が変態点 T_E で行われるとすれば，その自由エネルギーの変化 ΔF_v は

$$\Delta F_v = \Delta E_v - T_E \Delta S_v = 0$$

であるから

$$\Delta S_v = \frac{\Delta E_v}{T_E} \tag{1.23}$$

となる．

次に，温度 $T \neq T_E$ で変態が起こる場合，自由エネルギーの変化 ΔF_v は式 (1.23) より

$$\Delta F_v = \Delta E_v - T\Delta S_v = \Delta E_v - T\frac{\Delta E_v}{T_E} = \frac{\Delta E_v \Delta T}{T_E} \tag{1.24}$$

したがって，式(1.24)を式(1.21)と(1.22)に代入すると，r^*，ΔF^* は次のようになる．

$$r^* = -\frac{2\gamma T_E}{\Delta E_v \Delta T} \tag{1.25}$$

$$\Delta F^* = \frac{(16/3)\pi\gamma^3}{\Delta F_v^{\,2}} = \frac{16\pi\gamma^3}{3(\Delta E_v)^2} \cdot \frac{T_E^{\,2}}{\Delta T^2} \tag{1.26}$$

図1.53にr*, ΔF^* それぞれと過冷度 ΔT の関係を示す。ΔT が大きくなるほど,臨界半径 r^*,臨界核の形成エネルギー ΔF^* はともに小さくなる。

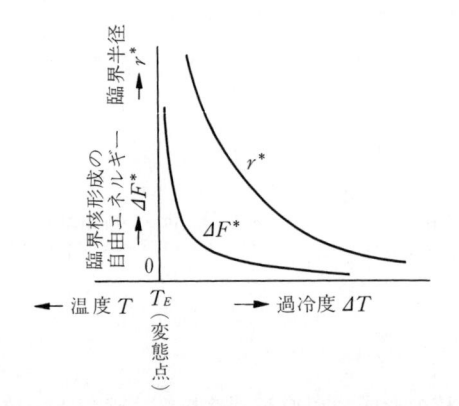

図1.53 核発生における r^*, ΔF^* と ΔT の関係

また,臨界核の数は,計算が複雑であるが,次のようになる。

$$N^* = N_0 \exp\left(-\frac{\Delta F^*}{kT}\right) \tag{1.27}$$

ここで,N_0 は単位体積中の核形成が起こりうる位置の数である。

以下では核の形成速度 I,成長速度 G,変態速度 P の関係について述べる。

1.14.1 核の形成速度

1個の溶質原子が臨界核に加われば,核は成長できる。したがって,核の形成速度 I〔個/(m³·s)〕は N^* と原子の拡散速度 D との積で表される。ΔF^* は,式(1.26)より,T_E からずれるほど小さくなるから,N^* は ΔT の増大につれて大きくなる。また,D は,式(1.16)で見るように $D_0 \exp\{-E/(kT)\}$ に比例するから,0 K ではゼロであるが,温度とともに指数関数的に増大する。**図1.54**(a)に N^*, D それぞれと ΔT との関係を示す。同図(b)には $I \propto N^*D$ を示す。I は中間温度で極大になる。さらに,核形成が確認できる時間 t は $1/I$ に比例的であるから,温度 T と核形成の開始時間 t の関係は,同図(c)に示すように,C字形曲線になる。実例は2.10.2項で述べる。

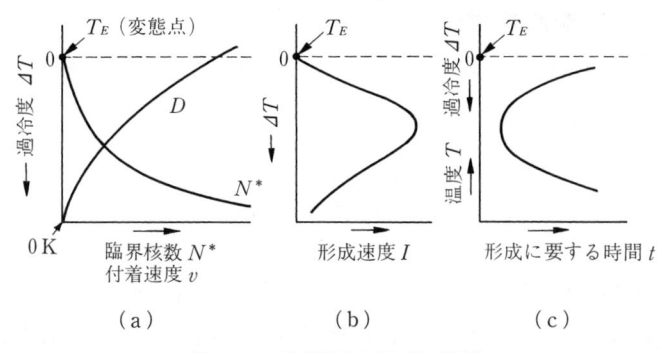

図1.54 形成速度と温度の関係

1.14.2 核の成長速度

r^* 以上の安定な核の成長速度 G〔m/s〕を考える。核が成長するためには原子が核に近づくこと（原子の拡散），界面を通して核の中に入ること（界面の移動）が必要である。核の成長速度 G はこれらの2因子，すなわち，原子の拡散速度 D と濃度勾配 dc/dx との積に比例する。原子の拡散速度 D は1.14.1項で述べた D に相当する。一方，濃度勾配 dc/dx は，母相の過飽和度に対応するので，過冷度 ΔT が増大するほど大きくなる。これらを図1.55(a)に示す。両者の積で与えられる $G \propto Ddc/dx$ を同図(b)に示す。核の成長速度 G は中間温度で極大になる。

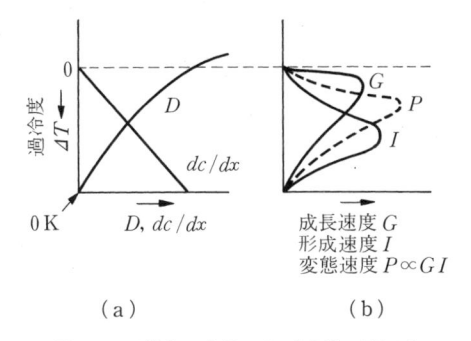

図1.55 形成，成長および変態に及ぼす温度の影響

1.14.3 核の変態速度

もし，変態相が球状であり，G が一定ならば，変態率（変態相の体積率）X と時間 t の関係は

$$X = 1 - \exp\left(-\frac{\pi I G^3 t^4}{3}\right) \tag{1.28}$$

で表される。これをジョンソン-メール（Johnson-Mehl）の式という。変態率の時間変化，すなわち，核の変態速度 P は式(1.28)からわかるように I，G の関数になる。図1.55(b)に示す $P \propto IG$ の曲線から，P はある過冷度で極大をもつ。

演 習 問 題

【1.24】 1.14節の析出理論は液相の凝固の場合も適用される。Cu の核形成において，$\varDelta T = 200\,°\mathrm{C}$ の場合，臨界核の寸法とその中の原子数を求めなさい。ただし，$\gamma = 0.15\,\mathrm{J/m^2}$，凝固潜熱 $\varDelta H = 21\times10^9\,\mathrm{J/m^3}$，融点 $= 1\,083\,°\mathrm{C}$，Cu の格子定数 $= 0.36\,\mathrm{nm}$ である。

2. 材料の強度

2.1 材料の変形と加工

2.1.1 応力-ひずみ関係

　材料に外力を加えると変形する。加えられた外力に対して，材料がどのように変形するのかを調べる方法の一つに引張試験がある。定められた形状寸法の棒状試験片に引張力を加え，単位断面積当りの外力の大きさ（引張応力，tensile stress）σと試験片の伸びひずみ（tensile strain）εの関係を求めると，例えば図2.1の実線のようになる。応力の小さいうちは応力とひずみはほぼ比

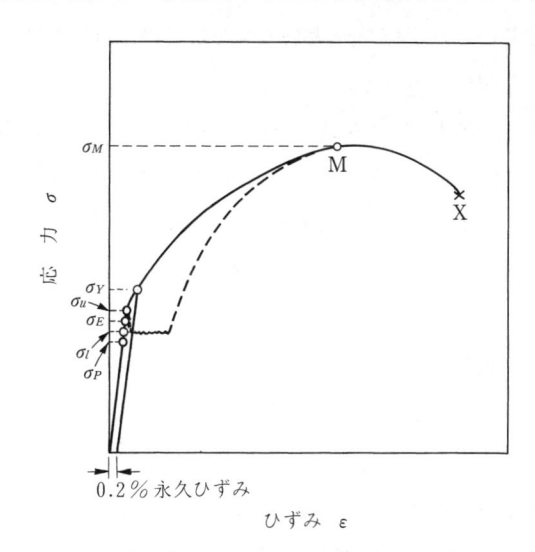

図2.1　引張試験における応力-ひずみ曲線

例的に増加し，外力を取り去ると変形は元に戻るが，ある大きさ σ_E を超えると永久的な変形が残る。この応力 σ_E を弾性限といい，弾性限内での変形を弾性変形（elastic deformation）という。弾性限を超えた応力によって生ずる永久変形を塑性変形（plastic deformation）という。また，応力とひずみが比例関係を示す限界の応力 σ_P を比例限という。この σ_P と σ_E は意味が異なるが，通常非常に近い値をとるので，ほぼ同じと考えても実用上差支えない。また，弾性限 σ_E は厳密に測定することは困難であり，その値は測定器の精度に左右されるため，それに代わる値として耐力（proof stress） σ_Y が用いられる。これは，0.2％の永久ひずみを残す応力として定義され，実用的な意味がはっきりしている。

このほか降伏応力（yield stress）という用語もある。図2.1の点線で軟鋼の応力-ひずみ関係を示すが，この場合には，応力がある値 σ_u で突然減少し，その後しばらく応力は一定値 σ_l を保ちながらひずみだけが増加する。この現象を降伏（yield）といい，σ_u を上降伏点（upper yield point），σ_l を下降伏点（lower yield point）という。通常，上降伏点の応力を降伏応力と呼んでいる。降伏が始まるとそれ以後は永久変形が残留するので，これもまた塑性変形を開始する応力という意味をもっている。明瞭な降伏を示さない材料に対しては，降伏応力の代わりに前述の耐力が用いられる。

応力をさらに増加していくと，応力-ひずみ関係を示す曲線（応力-ひずみ曲線）は徐々に増加し，ある点Mで極大値をとる。点Mにおける応力 σ_M を引張強さ（tensile strength）といい，その材料が耐えられる最大の応力を表す。この点を過ぎると試験片にくびれが生じ，さらに引っ張り続けると点Xにおいて破断する。

材料の塑性変形のしやすさを表現するために，前述の降伏応力や耐力などのほかに，しばしば「伸び」（elongation）という用語が用いられる。これは，引張試験において，材料が破断するときの伸び量を元の長さで除した値として定義され，この値が大きいほど材料は破断しにくく加工性がよいことになる。同様に，破断点における断面の収縮率を「絞り」（reduction of area）といい，

伸びも絞りも材料の変形能を表すのに用いられる。

　一般に，金属材料では上に述べたような変形の過程をたどるが，金属以外の材料では変形過程が大きく異なるものもある。例えば，ガラスなどの硬くてもろい材料はほとんど塑性変形を示さず，弾性変形領域からいきなり破断に至る。また，プラスチックなどでは，変形が時間経過とともに徐々に進行する，いわゆる経時変化が顕著に見られる（2.3節参照）。このように，材料の変形の様子はその種類によって大きく異なっている。金属は，一般に塑性変形を起こしやすい材料として知られている。

2.1.2　加工硬化と回復・再結晶

　図2.1の応力-ひずみ曲線上の点EからMの間が塑性変形領域であるが，この間応力は徐々に増加している。これは，加工硬化（work hardening）またはひずみ硬化（strain hardening）と呼ばれる現象である。塑性領域の応力-ひずみ関係がこのような増加傾向を示す場合，加工が進行してひずみが大きくなればなるほど，さらに加工を続けるためにはより大きな応力が必要となる。すなわち，材料は加工が進めば進むほど硬くなり，加工しにくくなる。種類によって程度の差は見られるが，金属材料では一般にこの加工硬化が大きい。

　いったん加工硬化した材料を加工前の状態に戻すためには，その材料をある温度以上に加熱し，その後ゆっくりと冷却する焼鈍（焼なまし）という熱処理を行えばよい。このときの加熱温度は，材料の種類によって異なる「再結晶温度」以上でなければならない。代表的な金属の再結晶温度を**表2.1**に示す。表中の再結晶温度が，同じ材料についてもある範囲をもって表示されているのは，再結晶温度が材料の種類ばかりでなく，加工硬化の程度（加工度）によっても異なるからである。

　図2.2に示すように，同一の材料に対しては加工度が大きい方が再結晶温度は低くなり，加工度がある値以上になるとほぼ一定となる。この一定となった再結晶温度T_rは，絶対温度で表した場合，融点の0.35～0.45程度となることが多くの金属について確かめられている。加工硬化および焼鈍処理，再結晶

表 2.1 代表的な金属の再結晶温度

金属	再結晶温度 [°C]
Al	150～240
Au	～200
Ag	～200
Fe	350～450
Cu	200～250
Ni	530～660

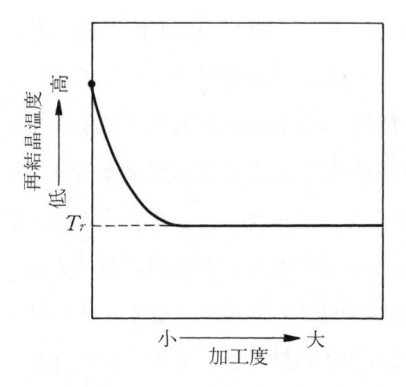

図 2.2 加工度と再結晶温度の関係

などの詳しいメカニズムについては，2.8節で述べる。

以上のことから，もし再結晶温度以上で加工を行えば，加工硬化を起こしてもすぐ元に戻るから，加工が容易に行えることが想像できるであろう。このように，再結晶温度以上で行う加工を熱間加工（hot working）という。熱間加工では加工は容易であるが，加工後冷却中に材料が収縮し，これが原因でひずみが発生して加工精度が低下するなどの欠点がある。これに対し，再結晶温度以下（通常は常温）で行う加工を冷間加工（cold working）という。熱間加工に比べて加工精度は高い。

2.1.3 材料のもろさ

加工を行う際に気を付けなければならないのは，材料のもろさ（脆性，brittleness）である。一般に，材料は温度が高いほどもろさは改善され，粘り強さ（延性，ductility）が増すといわれている。しかし，材料によっては，特定の温度領域でもろさを増す現象が見られる。図 2.3 は，軟鋼の引張強さ，伸び，絞りの温度変化を示したもので，250°C 付近で引張強さが増大し，伸び，絞りが減少している。これが鋼の「青熱脆性」（blue shortness）と呼ばれる現象で，もろさの一例である。このようなもろさを示す温度領域での加工は避けなければならない。

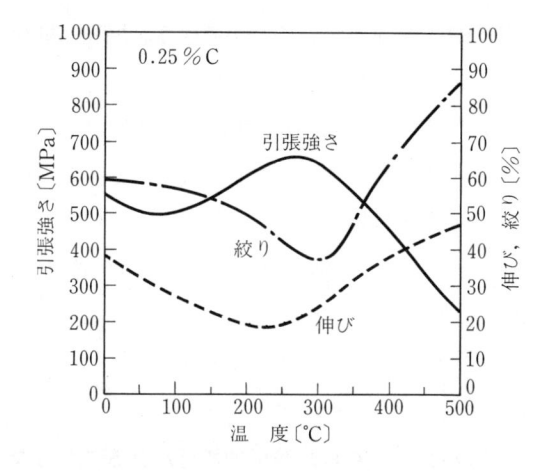

図 2.3 軟鋼の機械的性質の温度変化

演 習 問 題

【2.1】 弾性限，比例限，降伏応力，耐力の意味を説明しなさい。
【2.2】 熱間加工と冷間加工の相違点とそれぞれの特徴を述べなさい。
【2.3】 加工硬化した材料を元の性質に戻すにはどうすればよいか。

2.2 熱 処 理

材料を加熱したり冷却したりしてその性質を調整する処理を熱処理（heat treatment）と呼んでいる。熱処理には，以下のようなさまざまな手法があり，その目的も多岐にわたっている。

2.2.1 焼鈍と焼準

焼鈍（annealing）は，材料を加熱し，所定の温度で適当な時間保持した後，徐冷する処理である。この処理により，材料はエネルギー的に最も安定な構造，組織をとろうとする。例えば前述の加工硬化に対しては，加工により大きなひずみが材料内に蓄えられた状態より，ひずみのない状態の方がエネルギー的に安定であるため，加工硬化を解消する方向に変化が進行する。同様に，1.11節で述べた偏析，内部応力の残留などはすべてエネルギー的には不安定

な状態であるから，適当な焼鈍処理により除去することができる。焼鈍は焼なましともいう。

焼準（normalizing）は焼鈍とよく似ているが，加熱後の冷却速度が焼鈍よりも高い。焼鈍では炉中に保持したまま冷却するのに対し，焼準では炉から取り出して空中放冷を行う。特にこの処理は鉄鋼材料において重要で，何らかの原因によって組織が異常に粗大化した場合，組織を微細化する目的で行われる。焼準は，焼ならしとも呼ばれる。

2.2.2 焼入れと焼戻し

この二つの処理は必ずセットで行われ，どちらかが単独で行われることはない。まず，焼入れ（quenching）は，材料を高温に加熱し，一定時間保持した後，急冷する方法である。急冷には，冷水（水焼入れ）や油（油焼入れ）などが用いられる。

急冷を行う目的は，本来その材料内で，温度降下に伴って起こるべき析出，同素変態などを，わざわざ起こりにくくすることにある。このような固体内の状態変化は，1.13節で述べたように，結晶格子を構成する原子の拡散によって起こる。もし冷却速度が低く，拡散が起こる時間的余裕があれば，正規の析出や同素変態が起こり，平衡状態図に示されるとおりの安定な組織が得られる。ところが，この固体内拡散は，液体や気体内の拡散と異なり，原子が非常に密に詰まっている状態での原子移動であるから，冷却速度が高いと冷却時間内に完了することができない。その結果，低温では本来不安定であるはずの組織が現れたり，準安定な組織ができたりする。しかし，いったん温度が下がってしまうと，原子の活動度も同時に低下するので，見かけ上それらの組織は低温で凍結されてしまう。このような，不安定あるいは準安定な組織を得ることが焼入れ処理の目的である。

焼戻し（tempering）は，焼入れによって得られた不安定または準安定な組織を，ある程度本来の安定組織に戻す処理で，具体的には焼入れ後適当な温度まで再加熱を行ってから徐冷する。

2.2.3 熱処理の実例

平衡状態図を用いて，熱処理の具体例を説明しよう．図 2.4 は共晶型合金の平衡状態図である．この合金の 1 次固溶体（α）領域は，高温で広く，低温で狭くなっている．したがって，もし×印の組成をもつ合金を，温度 T_1 から矢印に沿って冷却すれば，P 点の温度に達したときに θ 相の析出が起こり始めるはずである．ところが，冷却速度が高いとこの析出は起こらず，全体が過飽和 α 相のまま温度が下がる．しかしこの過飽和 α 相は低温では不安定な相であるから，その後の焼戻し処理によって徐々に θ 相を析出しようとする．この一連の操作が時効処理（aging treatment）と呼ばれる熱処理で，Al 合金などに適用されるが，詳細は 2.11 節で述べる．

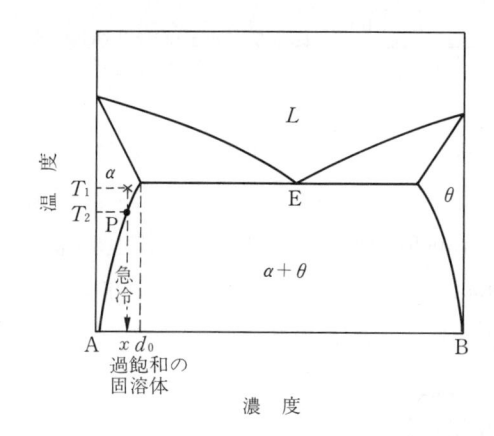

図 2.4 温度により溶解度の異なる固溶範囲をもつ共晶型合金状態図

さらに重要なのは，鉄鋼に対する焼入れ焼戻し処理である．図 2.5 に Fe-Fe$_3$C 系平衡状態図を示す．図 1.24 に示したように，純鉄（Fe）は 910 ℃ に同素変態点をもち，高温側で fcc 構造，低温側で bcc 構造をとる．これに炭素（C）が 0.1～2 ％加わったものが鋼（steel）で，C 含有量によって変態温度は変わるが，700～900 ℃ の間の温度で同様の変態を起こす．これを A$_3$ 変態という．A$_3$ 変態点より高温側（fcc）を γ 鉄（オーステナイト，austenite），低温側（bcc）を α 鉄（フェライト，ferrite）という．オーステナイトは C を最大約 2 ％まで固溶できるが，フェライトは固溶限が極めて小さい．そのた

70　2. 材料の強度

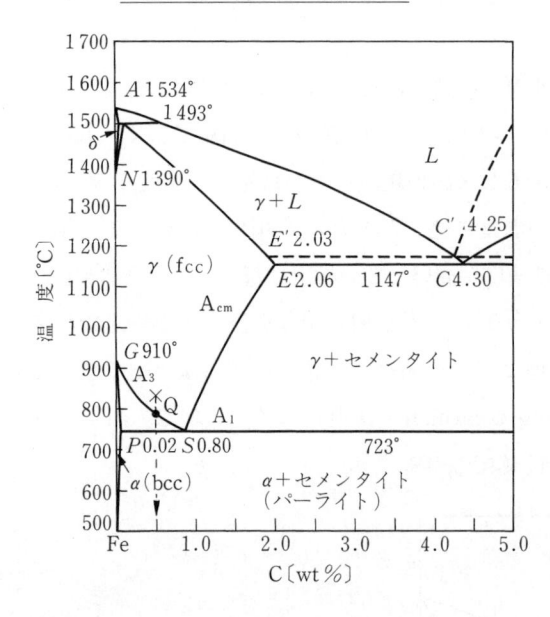

図 2.5 Fe–Fe$_3$C 系平衡状態図（点線は Fe–C 系）

め，Fe の A$_3$ 変態が起こるのと同時に，C がフェライト中から追い出され，セメンタイト（cementite，Fe$_3$C）という新しい化合物を形成する。この一連の変態を鋼の共析変態（eutectoid transformation）と呼び，冷却速度が低いときにはこの変態が起こる。**図 2.6** は，フェライトとセメンタイトが層状に混合したパーライト（pearlite）と呼ばれる共析組織である。

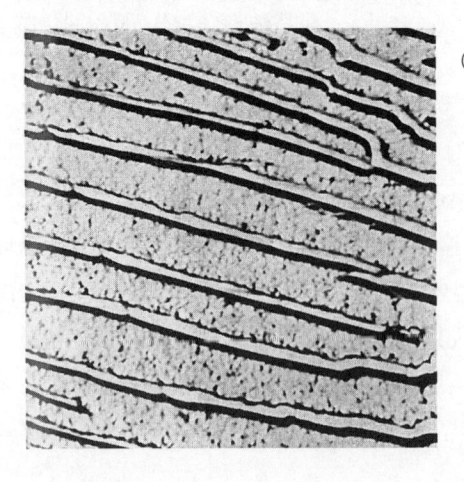

（× 1 600）

図 2.6 パーライト（共析組織）
〔佐藤知雄編：鉄鋼の顕微鏡写真と解説，丸善（1979）の p.31 より〕

2.2 熱処理

鋼をオーステナイト領域の温度まで加熱，保持したのち急冷（焼入れ）すると，本来起こるべき共析変態が阻止され，オーステナイトのまま温度が下がる。ところがこのオーステナイトは低温では非常に不安定なので，200℃付近でマルテンサイト（martensite）という偽平衡組織に変わる。図2.7にマルテンサイト組織を示す。パーライトとは見かけ上も全く異なる組織であることがわかる。マルテンサイトは共析組織に比べて非常に硬いので，これを積極的に利用するために行うのが鉄鋼の焼入れ処理である。ところが，マルテンサイトは硬い反面非常にもろいので，焼戻しによってある程度のマルテンサイトを共析組織に戻し，もろさを緩和する。鉄鋼の焼入れ焼戻しはこのように微妙な操作を含んでいる。

(×670)

図2.7 マルテンサイト（偽平衡）組織
〔佐藤知雄編：鉄鋼の顕微鏡写真と解説, 丸善 (1979) の p.37 より〕

熱処理には，このほかに，恒温変態，加工熱処理などもあるが，これらについては 2.10 節で述べる。

演習問題

【2.4】 焼なましはどのような目的で行われるか。
【2.5】 鉄鋼の焼入れ焼戻しに伴う組織および性質の変化を説明しなさい。

2.3 材料の強度測定

「材料の強度」とか「強い材料」とかいう場合，その意味は非常に広く，あいまいである．そこで，まず「強さ（強度）」の意味を，表2.2のように大まかに分類し，それぞれについて説明しよう．

表2.2 材料の「強さ」の意味

	時間依存性	細 目	強度パラメータ
変形に対する抵抗	非時間依存型	弾性変形	ヤング率 ポアソン比 剛性率
		塑性変形	降伏応力 耐 力 硬 さ 引張強さ
	時間依存型	粘弾性 レオロジー	
破壊に対する抵抗	非時間依存型	静的破壊強度	破壊強度 引張強さ
		動的破壊強度	衝撃値
	時間依存型	クリープ	クリープ 破断強度
		疲 労	疲労強度

2.3.1 変形に対する抵抗

変形には，外力が加えられた瞬間に起こる非時間依存型変形と，時間経過とともに変形が徐々に増大する時間依存型変形がある．金属など従来広く用いられてきた材料では時間依存型変形はあまり問題にならなかったが，プラスチックなどではこのような経時変形が比較的大きいものもある．しかし，機械材料としてより重要なのは，非時間依存型の弾性変形および塑性変形である．

一般に，単に強い材料という場合，一度完成した製品または部品がそれ以上変形しにくいもの，という意味を表すことが多いが，これは塑性変形しにくさを表している．すなわち，2.1節で述べた降伏応力，耐力などのパラメータが

大きいほど，その材料は強いということになる。これらのパラメータは引張試験，圧縮試験，曲げ試験などの材料試験によって測定される。

一方，弾性変形に対する抵抗性は，弾性範囲内における応力 σ とひずみ ε の比 $E(=\sigma/\varepsilon)$ によって表され，この E を弾性率（elastic modulus）またはヤング率（Young's modulus）という。この値もまた引張試験から求められる。

このように，材料の変形に対する抵抗は引張試験などの材料試験によって正確に求められるが，この試験には大型の材料試験機が必要である。もっと簡便に材料の変形に対する特性を調べるための方法として，硬さ試験（hardness test）がある。これには以下の3種類がある。

（1） 跳ね返り硬さ　　一定の高さから落下させた物体の跳ね返り高さから硬さを求める。硬い材料ほど跳ね返りが大きいという経験則に基づいている。ショア硬さ（Shore hardness）がある。

（2） 引っかき硬さ　　表面を硬いエッジで引っかき，できた傷の大きさから硬さを判定する方法で，異なる材料どうしの硬さの比較などに用いられる。鉱物の硬さの標準スケールとなるモース硬さ（Morse hardness）はこの方法による。

（3） 押込硬さ　　表面に硬い圧子を押しつけ，生じた凹みの大きさから硬さを求める方法で，現在最も一般的に用いられる。圧子の材質，押しつけ荷重，凹みの測定方法などの相違により，ビッカース硬さ（Vickers hardness），ロックウェル硬さ（Rockwell hardness），ブリネル硬さ（Brinell hardness）など数種類があるが，原理的には同じ考え方に基づく方法である。表2.3に，各押込硬さ試験における圧子の形状，硬さの表示法などについてまとめておく。

跳ね返り硬さ以外は，いずれも塑性変形の程度をもとにして硬さを求めているため，硬さと降伏応力，引張強さなどとの間には強い相関関係がある。

表 2.3 押込硬さ一覧

種類	圧子	硬さ表示法	記号	特徴
ブリネル硬さ	鋼球	荷重/圧痕の表面積	H_B	大きな試料必要
マイヤー硬さ	鋼球	荷重/試料面上の圧痕の投影面積	H_M	同上
ロックウェル硬さ	C：ダイヤモンド円錐（頂角120°） B：鋼球	圧痕の深さ 同上	H_RC H_RB	小さい試料にも適
ビッカース硬さ	ダイヤモンド四角錐（対面角136°）	荷重/圧痕の表面積	H_V	微小部分の測定も可

2.3.2 破壊に対する抵抗

変形と破壊は本質的に異なる現象で，変形に対して強いからといって必ずしもその材料が破壊に対しても強いとは限らず，ときにはこの両者は相反する特性を示す．そのため，破壊に対しては独自の試験方法が用いられている．まず，時間に依存しない破壊現象については，静的，動的な二つの方法で破壊特性が求められる．

静的には，上述の引張試験が用いられ，材料が破断するときの応力を破壊強度としている．事実上は，引張強さを破壊に対する許容応力の上限値とみなすことができる．

動的な測定には衝撃試験（impact test）が用いられる．これは，図 2.8 のような切欠をもつ試験片に，ハンマに取り付けたエッジによって衝撃力を加え，材料が破断するときのエネルギーを求める方法である．試験片の形状や保持の方法により，シャルピー（Charpy），アイゾット（Izod）の 2 種類の試験法がある．

破壊現象にも時間に依存するタイプがあり，クリープ（creep）および疲労破壊（fatigue fracture）と呼ばれる．

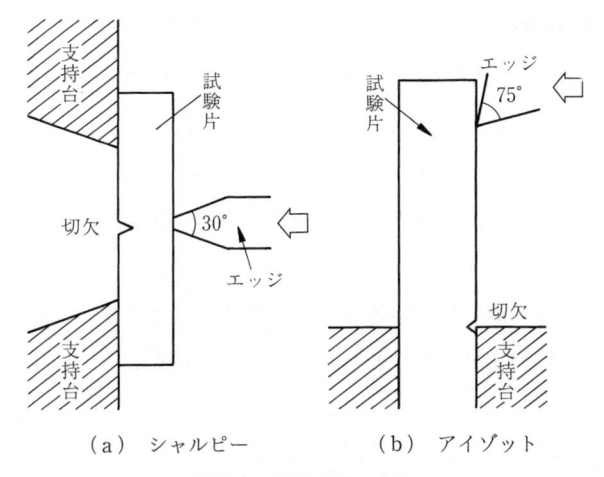

図2.8 衝撃試験の方法

（a）シャルピー　　　（b）アイゾット

〔1〕 クリープ

　一定の高温下で材料に一定荷重を負荷し続けると，時間の経過とともに変形が進み，最後には破断する。この現象をクリープという。**図2.9**は，引張荷重を加えた場合の時間経過に対する伸びの増加を示しており，変形が時間経過に伴って均一に進むのではないことがわかる。はじめ荷重が負荷された瞬間に弾性変形を生じ，ある程度まで**塑性変形**が進む。これが1次クリープである。その後変形速度はほぼ一定となる（2次クリープ）が，ある時間経過すると速度が急激に増加し，破断に至る。これを3次クリープまたは破断クリープと呼んでいる。破断クリープがいつ始まるかは，荷重および温度によって異なる。

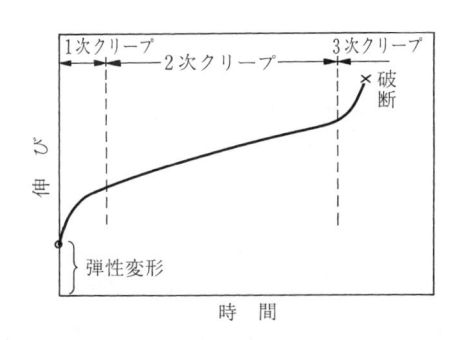

図2.9 クリープ現象の推移

〔2〕 疲労破壊

曲げ伸ばしや引張圧縮のような周期的に変動する応力を長時間負荷し続けると，静的な破壊強度以下の負荷応力でも最後には破壊するという厄介な現象である。図 2.10 は，負荷応力の大きさ S と破壊に至るまでの繰返し負荷回数 N の関係を示したもので，金属の疲労破壊に対しては種類にかかわらずほぼこの関係が成り立つ。この図のような曲線を S-N 曲線という。図から，ある応力以下では，繰返し回数がいくら大きくても破壊には至らないことがわかる。この限界の応力を疲労強度または疲れ強さと呼んでいる。

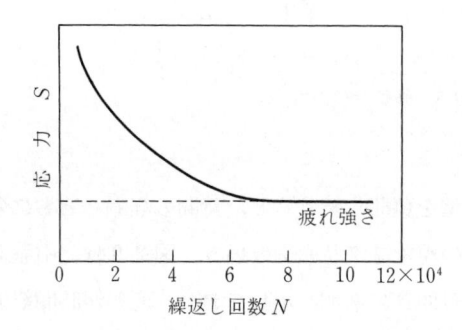

図 2.10 疲労破壊に対する S-N 曲線

演習問題

【2.6】「鉄とコンクリートはどちらが強いか」という問に対して，どのような解答が適切か考えなさい。

【2.7】 材料の変形に対する抵抗性を示す指標となるパラメータについて説明しなさい。

2.4 材料のマクロ強度とミクロ強度

2.4.1 塑性変形に伴う原子配列の変化

前節で述べたような，さまざまな材料試験から得られる材料強度をマクロ強度と呼んでいる。これに対し，より微視的視点に立つミクロ強度がある。

1.3 節や 1.4 節で述べたように，金属をはじめとするほとんどの固体材料

2.4 材料のマクロ強度とミクロ強度

は，その構成単位である原子，分子，イオンなどが規則的に配列し，結晶を作っている．結晶内の原子配列はX線回折，電子線回折などの方法で測定されるが（1.3節参照），その結果によると，基本的な配列の形態や隣接原子間距離などは，塑性変形の前後で同一性を保っていることが確認されている．材料の外形が塑性変形によって大きく変化するにもかかわらず，結晶内の原子配列が同一性を保つにはどのような原子移動が起こればよいのであろうか．例えば，図2.11(a)のような正方形断面をもつ単結晶材料があり，材料内原子配列は図のような単純立方格子であるとする．この材料を矢印方向に引っ張ると，材料は塑性変形して矢印方向に伸び，断面が同図(b)のようになったとする．このとき，縦横の原子間距離に変形前と変化がないとすれば，縦横の原子列数（図の m，n および m'，n'）は変形の前後で異なるはずである．すなわち，塑性変形においては，図2.11のように縦横の原子列数の変化によって外形の変化が生じる．

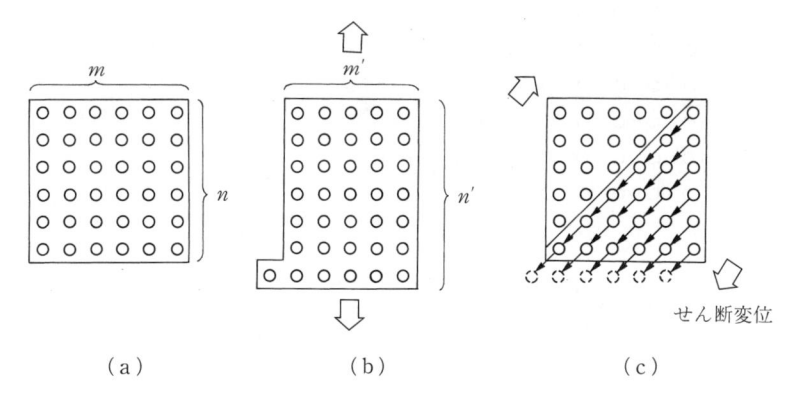

図2.11　変形に伴う材料内の原子配列変化

2.4.2　結晶のすべり

図2.11(a)から(b)のような原子移動は，(c)のように，結晶内のある特定の原子面に沿ってその両側の原子団がせん断変位を生ずることによって起こる．結晶内のこのような原子移動を結晶の「すべり (slip)」と呼んでいる．

材料の塑性変形は，微視的に見れば，このようなすべりが結晶内で繰り返し起こることによって生ずる。すべりは，積み重ねたトランプカードの「ずれ変形」にたとえられる（1.5.2項参照）。塑性変形を，上のようなミクロな視点からとらえる理論を微視的塑性力学（microscopic plastic theory）といい，その理論から求められる材料強度をミクロ強度と呼んでいる。

2.4.3　臨界せん断応力

　上に述べたように，結晶のすべりが塑性変形の基本的過程であるから，塑性変形に必要な応力，すなわちマクロな降伏応力は，少なくともすべりを起こさせるのに必要な応力より大きいはずである。すべりを起こさせるのに必要な応力を臨界せん断応力（critical shear stress）という。図 2.12 のような仮想的な結晶モデルを考える。

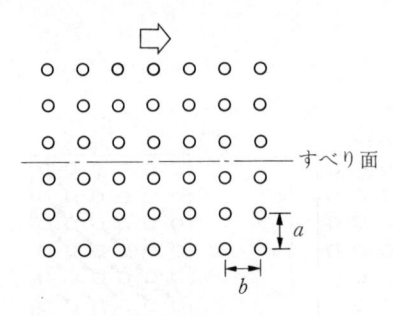

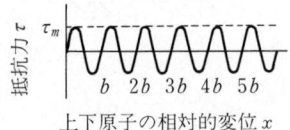

図 2.12　仮想的結晶モデルにおけるすべり

　ここで，図の一点鎖線のすべり面に沿ってすべりが起こるとする。すべり面の上側の原子団が，下側の原子団に対して一斉に矢印方向に移動すると，上側原子団は，次の力学的平衡位置に達するまでの間に，上下原子団の相対的変位に応じた抵抗力 τ を受ける。結晶内の原子配列が周期的であるから，この τ も周期的に変化し，例えば

$$\tau = A \sin\left(\frac{2\pi x}{b}\right) \tag{2.1}$$

のような周期関数で表すことができる．ここで x は原子団の相対的変位，b はすべり面内の隣接原子間距離であり，力学的平衡位置間距離に相当する．また A は任意定数である．x が小さいときは弾性変形となり，フックの法則 (Hook's law) が成り立つから

$$\tau = G\gamma = G\frac{x}{a} \quad (x \ll 1) \tag{2.2}$$

となる．ただし，G は剛性率，γ はせん断ひずみ，a はすべり面である原子面間距離である．一方，式(2.1)から，x が小さいときは

$$\tau \fallingdotseq \frac{2\pi A x}{b} \tag{2.3}$$

であるから，式(2.2)と(2.3)を等しいとおくと

$$A = \frac{G(b/a)}{2\pi}$$

となる．これを式(2.1)に代入して

$$\tau = \frac{G(b/a)}{2\pi} \sin\left(\frac{2\pi x}{b}\right) \tag{2.4}$$

が得られる．式(2.4)の関数形は図2.12に表されており，最大値は $\tau_m = G(b/a)/2\pi$ である．すなわち，結晶のすべりを起こさせるためには，この τ_m 以上の応力が必要となり，これが臨界せん断応力である．通常，$a \fallingdotseq b$ であるから，τ_m は $G/2\pi$ 程度になる．式(2.4)から計算したいくつかの金属の τ_m の値を**表2.4**に示す．

一方，実験的に求められている臨界せん断応力の値も同様に表に掲げてあるが，上の計算値と比べると非常に大きな相違が見られ，計算値の方が数千倍も大きい．計算に用いたモデルは非常にシンプルなモデルであり，実際の結晶内の抵抗力分布とは異なっていることなどもこの食違いの原因の一つと考えられるが，それにしてもこの相違は大きすぎる．

表 2.4 臨界せん断応力 τ_m 〔MPa〕の計算値と実験値

金 属	式(2.4)からの計算値	実験値
Cu	6 300	0.29
Ag	4 400	0.59
Au	4 400	0.90
Ni	10 800	3.23
Mg	2 900	0.81
Zn	4 700	0.92

2.4.4 転位の概念の導入

このような計算が盛んに行われていたのは1930年代であった。その頃,原子は剛体球のようなもので,固体内では隣接原子どうしは互いに接触していると考えられていたから,すべりが起こるためには,原子面全体にわたって原子団が一斉に移動するしかない。上の計算も,このような考え方に立って行われた結果であった。この考え方に画期的な修正を加えたのが,1934年テイラー(Taylor)らにより導入された新しい概念である。彼らの考え方は,すべりはすべり面に沿って一斉に起こるのではなく,すべり面の一部に生じたすべりが順次広がることによって面全体がすべりを起こす,というものである。図2.13に,その様子を模型的に表してある。(a)はまだすべりが起こっていない状態,(b)は左側から起こったすべりが結晶の中央まで広がった状態,(c)は全体がすべり終わった状態である。このような部分的なすべりの伝搬は,床の上でじゅうたんを動かす場合とよく似ている。じゅうたんの端を引っ張って

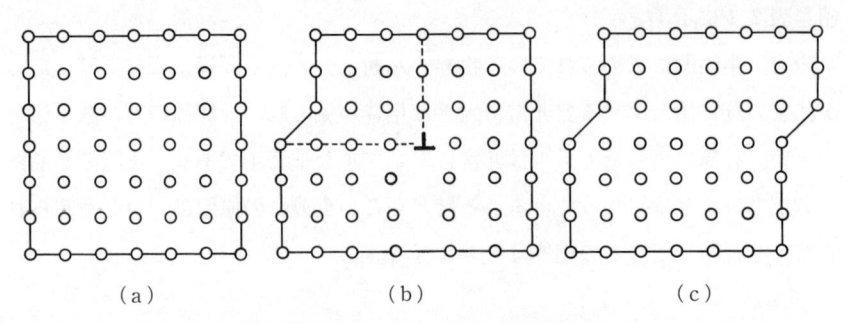

図 2.13 部分的なすべりの伝搬〔Taylorによる〕

一斉に動かすよりも，端の一部をたるませて，たるみ（しわ）の部分を順次移動する方がはるかに楽に動かせることを，我々はよく知っている。同様に，結晶のすべりも図2.13の方式による方がはるかに小さい応力しか必要としないことが確かめられ，先に述べた臨界せん断応力の実験値と計算値の食違いも解消された。

演習問題

【2.8】 材料のミクロ強度とマクロ強度の考え方の相違を述べなさい。

【2.9】 結晶のすべりは，通常原子密度の最も大きい面で起こるといわれている。面心立方格子（111）面の原子密度を計算しなさい。

2.5 転位論(1) ―転位の定義―

2.5.1 すべりと転位の関係

図2.13(a)および(c)では，結晶内の原子配列は完全であり，どこにも欠陥は見られない。ところが，(b)では，⊥印付近の原子配列が完全結晶とは異なっている。すなわち，すべり面より上部では縦方向の原子列が1列余分に入っており，結晶欠陥を作っている。この結晶欠陥は，1.5節で述べた転位と呼ばれる線欠陥にほかならない。したがって，図2.13の過程は，転位がすべり面上を移動することによって，すべり，すなわち塑性変形が起こることを示している。

2.5.2 刃状転位とらせん転位

図2.14(a)は，転位が結晶内に横たわっている様子を立体的に表したものである。図2.13(b)は，図2.14(a)の断面ABCDを表している。直線TSが転位であり，転位が線欠陥と呼ばれる理由は明白であろう。すべり面はLMNOであり，TSより左側の領域LMTSではすでにすべりが起こっており，右側領域STNOではまだすべりが起こっていない。見方をかえれば，転

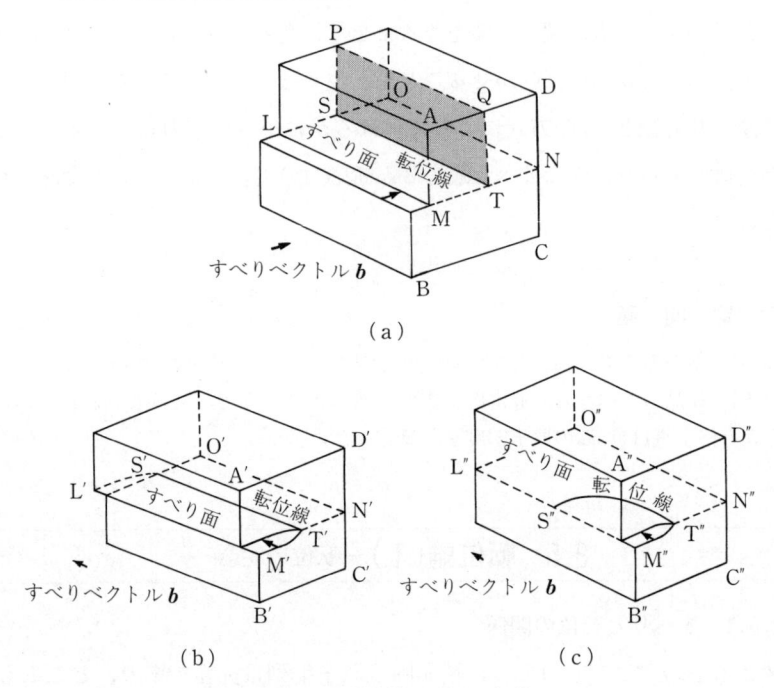

図 2.14 刃状転移とらせん転位

位は，すべりが起こった領域とまだ起こっていない領域との境界線でもある。

さて，もう一度転位線 TS 付近の原子配列を見よう。図 2.13(b) では，縦方向の原子列が 1 列余分に入っていたが，立体的に見ると，これは余分の原子面 1 枚に相当している。図 2.14 では，網掛けした面 TSPQ で示してあり，結晶内では半平面に相当するから，これを余分な半平面（extra half plane）と呼んでいる。この半平面は結晶の上部から転位線の深さまで刃物を挿入したように見えるので，この形の転位を刃状転位（edge dislocation）という。図 2.14(a) の左側に，すべり面の下側に対する上側の相対的せん断変位を矢印で示してある。この変位を表すベクトルをすべりベクトルと呼び，記号 b で表す。刃状転位では，すべりベクトル b が転位線と直交している。

一方，図 2.14(b) にはもう一つのタイプの転位が示してある。転位線が，すべりの起こった領域とまだ起こっていない領域の境界線となっている点は図

(a)と同じであるが，すべりの向きが異なっている．図から明らかなように，この場合はすべりベクトル **b** が転位線に平行で，このタイプの転位をらせん転位（screw dislocation）という．らせん転位には余分な半平面はできない．その代わり，**図 2.15** に見られるように，らせん転位のまわりを，同一の原子面に沿って回転すると，ちょうどらせん階段を昇るように，1回転ごとに上の原子面に到達する．らせん転位と呼ばれる理由がここにある．

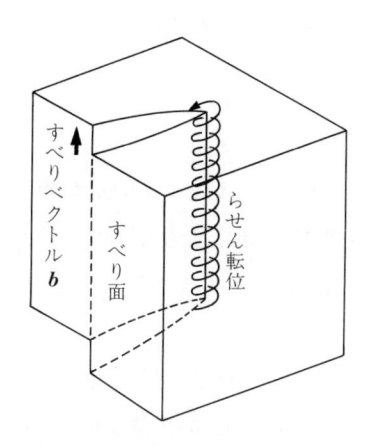

図 2.15 らせん転位周辺の原子面のずれ

ここまでは，転位はすべて直線に沿っているように話を進めてきたが，転位は必ずしも直線である必要はない．例えば，図 2.14(c)は，すべりが上側領域の一部で起きた場合を示している．この場合には，扇形領域 T″S″M″ がすべった領域で，その外側はまだすべっていない．転位線は領域の縁に沿うように湾曲している．すべり領域内ではどこでもすべりベクトルは向きが同じであるから，転位線との間の角度は場所によって異なる．図 2.14(c)では，点 T″ の付近ですべりベクトルと転位線が平行に近く，点 S″ 付近では両者が直交している．したがって，点 T″ ではらせん転位，点 S″ では刃状転位の性質をもっており，この間では両者の中間的性質をもつことになる．中間領域の転位を混合転位（mixed dislocation）という．**図 2.16** に，混合転位周辺領域の原子配列の乱れを示す．

84　　2. 材料の強度

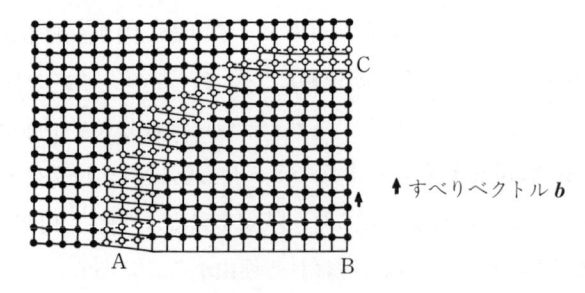

図 2.16 混合転位周辺領域の原子配列の乱れ〔Read による〕

2.5.3 転位の一般的定義

転位は，すべりの起こった領域とまだ起こっていない領域の境界線とみなすことができる。この定義に従うと，**図 2.17** に示すようなより一般的な転位を考えることができる。同図(a)のように，結晶をすべり面に沿って上下に分割し，上下のブロックをすべり面に沿ってベクトル b だけ相対的に変位させる。その後，同図(b)のように，閉曲線 l で囲まれた領域だけ上下のブロックを接着する。さらに同図(c)のように，(a)とは逆向きの変位を与えて結晶を元に戻す。この操作により，閉曲線内の領域でのみ上下ブロックが b だけ変位したことになる。すなわち，閉曲線 l がすべりの境界線となり，これが転位線に相当する。

このような閉曲線を作る転位線を転位ループ (dislocation loop) という。

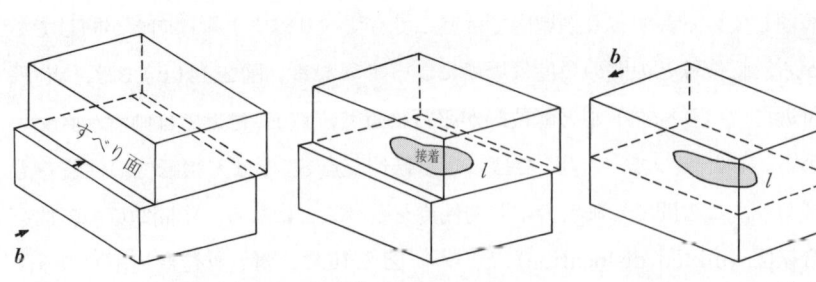

(a) すべり面に沿って上下ブロックを b だけ変位　(b) 閉曲線 l で囲まれた領域を接着　(c) 上下ブロックの変位を元に戻す

図 2.17 一般的な転位の定義

2.5 転位論（1）

また，b は前出のすべりベクトルである．1本の転位を挟む両側領域の相対的すべりベクトル b を，その転位のバーガースベクトル（Burgers vector）という．ここで注意しなければならないことは，1本の転位線に沿っては，バーガースベクトルはどこでも同じでなければならないということである．しかし，図 2.18 の点線で示されるような別の転位が C 点で交わっていれば，A 点と B 点の転位線のバーガースベクトルは異なっていてもよい．実際，図のように 3 本の転位が 1 点で交わることは結晶中にしばしば観察される．このとき，3 本の転位線のバーガースベクトル b_1，b_2，b_3 の間には

$$b_1 + b_2 + b_3 = 0$$

という関係が成り立つ．ただし，バーガースベクトルは，転位線に沿って交点に向かって眺めたとき，転位の右側領域の左側領域に対する相対的変位を表すものとする．

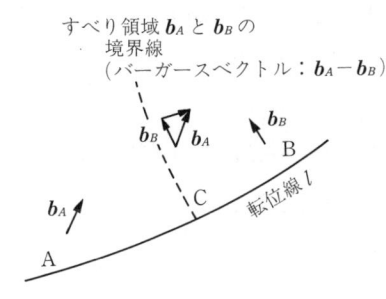

図 2.18　3 本の転位線の会合

演習問題

【2.10】 面心立方格子の (111) 面上で，[01$\bar{1}$] 方向にすべりが起こった．このすべりを起こさせる転位のバーガースベクトルを，立方格子の格子定数 a を用いて具体的に表しなさい．

【2.11】 転位線は決して結晶内部で消滅しないことを証明しなさい．

【2.12】 図 2.18 を用いて，1 本の転位線に沿ってはバーガースベクトルはどこでも同じになることを証明しなさい．

2.6 転位論（2）—転位と力—

2.6.1 転位に働く力

転位を動かすためには，結晶の外部から間接的に外力を作用させるしかない。いま，図 2.19 のように，すべり面に平行にすべり方向のせん断応力 τ を加えたとき，すべり面上にあるバーガースベクトル b の転位に働く力を考えよう。すべり面の全面積を A とすると，加えられた外力は $A\tau$ である。この外力が働いたため，長さ ds の転位素片が応力の作用方向に dl だけ動いたとする。バーガースベクトル b の転位がすべり面を全面にわたって動くときのせん断変位が b であるから，上記の部分的な転位の動きによるせん断変位は $bdlds/A$ となる。ただし b はベクトル b の大きさである。したがって，外力 $A\tau$ のなした仕事は，力と変位の積で $\tau b dlds$ と表される。一方，転位素片に直接作用する単位長さ当りの力を F とすると，これが上記の運動中に与える仕事は $Fdlds$ である。これを外力のなした仕事に等しいとおくと

$$F = \tau b \tag{2.5}$$

という関係が得られる。この式は，外力 τ と転位の受ける力 F の関係を示すもので，転位の運動を考える際，非常に重要である。

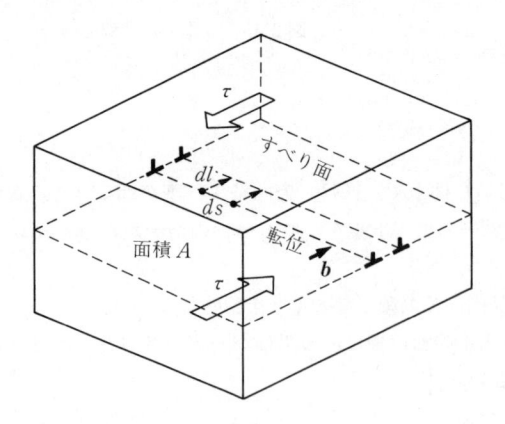

図 2.19 転位に働く力

2.6.2 転位の運動

ここで，転位の運動によってすべりが起こると考えたときの臨界せん断応力を考えよう。はじめに，純粋な結晶内に単一の刃状転位がある場合について考える。図 2.20 のように，すべり面の上部に半平面があるとき，すべり面の上側の原子は下側の原子団から原子間力を受け，その力は図のような周期的ポテンシャルエネルギーで表される。図中の●印は，上側原子団のエネルギーを示している。転位が1原子間隔だけ移動すると，各原子は，○印で示した位置に移る。このとき，ポテンシャルエネルギーの変化に伴う原子間力を受ける。各原子の受ける原子間力の総和が，転位の移動に要する力ということになる。

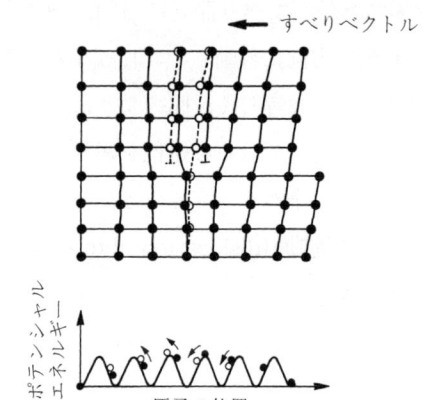

● 移動前原子位置
○ 移動後原子位置

図 2.20　転位の移動によるポテンシャルエネルギーの変化〔Read による〕

図から明らかなように，各原子のポテンシャルエネルギーの変化は，エネルギーの谷から山までの変化に比べてずっと小さい。したがって，臨界せん断応力は，山と谷のエネルギー差を一斉に乗り越えるとした，転位を考えないすべりモデルに比べてずっと小さくなることは容易に想像できるであろう。

パイエルス（Peierls）とナバロ（Nabarro）は，この考え方に基づいて，単独の転位を動かすのに要する力を計算した。これをパイエルス力（Peierls force）という。詳細は省くが，その結果によると，パイエルス力は

$$\tau = \frac{2G}{1-\nu} \exp\left\{-\frac{2\pi}{1-\nu}\right\} \tag{2.6}$$

の程度になる．G は剛性率，ν はポアソン比である．ここで $\nu = 0.3$ とすると

$$\tau = 3.6 \times 10^{-4} G$$

となり，測定された純金属の臨界せん断応力の値（表 2.4 参照）に近い．しかしこの力は，完全な結晶中で単独の転位を動かすのに必要な力である．実際の結晶内では，転位の運動に対してさまざまな障害が生じる．そのようなときには，臨界せん断応力はパイエルス力よりもずっと大きくなる．それについては，2.8 節以降に述べる．

　ここまでは，転位はすべり面上のみを運動すると考えてきた．もちろん，すべり面上の運動が主たる運動形態であることは間違いないが，それ以外の運動もときには可能である．図 2.21 のような刃状転位がすべり面外の方向，例えば図の矢印方向に動こうとすると，半平面が矢印方向に移動しなければならない．これは，半平面の最下列の原子が消滅することに等しく，図のように，最下列の位置に原子空孔がやってくることによって起こる．この過程を繰り返せば，転位全体が 1 列上方に移動する．逆に格子間原子がやってくれば，転位は下方に移動する．このような運動を，転位の上昇運動（dislocation climb）または非保存運動（nonconservative motion）という．

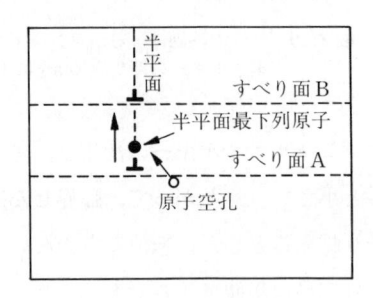

図 2.21　すべり面外への刃状転位の移動（上昇運動）

2.6.3　転位のまわりの応力場

　転位は結晶欠陥であるから，転位の周辺は結晶がひずんでおり，応力場を形成している．転位の中心部（これを転位の芯（core）という）はこのひずみが非常に大きいが，周辺部は比較的小さいので，弾性論を用いて近似的にひずみ

およひ応力を計算することができる。z軸方向に横たわる転位周辺の応力場は次のように求められている。らせん転位に対しては

$$\tau_{xz} = -\frac{Gb}{2\pi}\cdot\frac{y}{x^2+y^2}, \quad \tau_{yz} = \frac{Gb}{2\pi}\cdot\frac{x}{x^2+y^2} \tag{2.7}$$

で，他の応力成分はゼロである。

刃状転位に対しては，図 2.22 のように，すべり面を xz 面とし，半平面が yz 面上にあるとすると

$$\left.\begin{aligned}\sigma_{xx} &= -\frac{Gb}{2\pi(1-\nu)}\cdot\frac{y(3x^2+y^2)}{(x^2+y^2)^2}, \quad \sigma_{yy} = \frac{Gb}{2\pi(1-\nu)}\cdot\frac{y(x^2-y^2)}{(x^2+y^2)^2} \\ \sigma_{zz} &= \nu(\sigma_{xx}+\sigma_{yy}), \quad \tau_{xy} = \frac{Gb}{2\pi(1-\nu)}\cdot\frac{x(x^2-y^2)}{(x^2+y^2)^2}, \quad \tau_{xz}=\tau_{yz}=0\end{aligned}\right\} \tag{2.8}$$

となる。図中の矢印によって，上の結果から得られる応力成分の方向を，xy 平面内の領域ごとに分けて示してある。σ_{xx}, σ_{yy} については，正が引張応力，

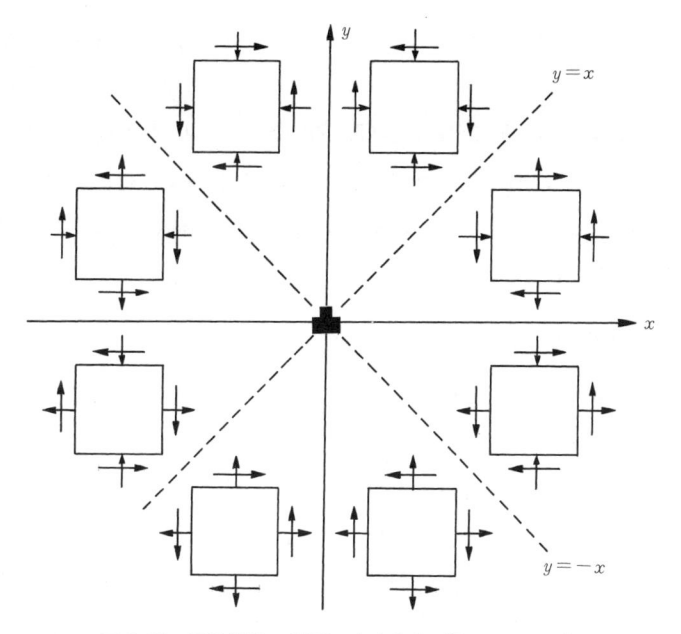

図 2.22 刃状転位の周囲の応力分布〔Read による〕

負が圧縮応力を示している。

演習問題

【2.13】 Cu に対するパイエルス力を計算しなさい。ただし，Cu の剛性率は 46.8 GPa，ポアソン比を 0.3 とする。

【2.14】 らせん転位には，刃状転位のような上昇運動があるか。その理由を考えなさい。

2.7 転位論（3）―転位の相互作用―

2.7.1 転位の相互作用

転位はその周辺に応力場をもっているので，応力場内に他の転位がやってくるとその転位には何らかの力が働き，二つの転位は相互作用を及ぼし合う。転位間に働く力は相互作用のエネルギーを微分することによって求められるが，この計算はかなり難解である。ここでは，ごく簡単な例を述べるにとどめよう。

バーガースベクトル b_1 をもつ刃状転位の周辺に，b_1 と平行なバーガースベクトル b_2 をもつ別の刃状転位がやってきたとする。この点に，第一の転位が作っている応力は式(2.8)で表される。第二の転位に働く力は，式(2.5)を用いて，すべり方向（x 方向）については

$$f_x = \tau_{xy} b_2 = \frac{G b_1 b_2}{2\pi(1-\nu)} \cdot \frac{x(x^2 - y^2)}{(x^2 + y^2)^2} \tag{2.9}$$

となる。特に第二の転位が第一の転位と同じすべり面上にあるときは，f_x の符号は，x および b_1，b_2 の符号によって変化する。

b_1，b_2 が同符号（半平面の向きが同じ）で，$x > 0$ のとき $f_x > 0$ であるから，第二の転位は右向きの力を受ける。すなわち，同じすべり面上にある同符号の転位は反発力を受けることがわかる。異符号の転位はこの逆である。二つの転位が平行な別々のすべり面上にあるときは，引力になるか反発力になるかは，相互の位置関係および転位の符号によって変わる。その様子を**図 2.23** に

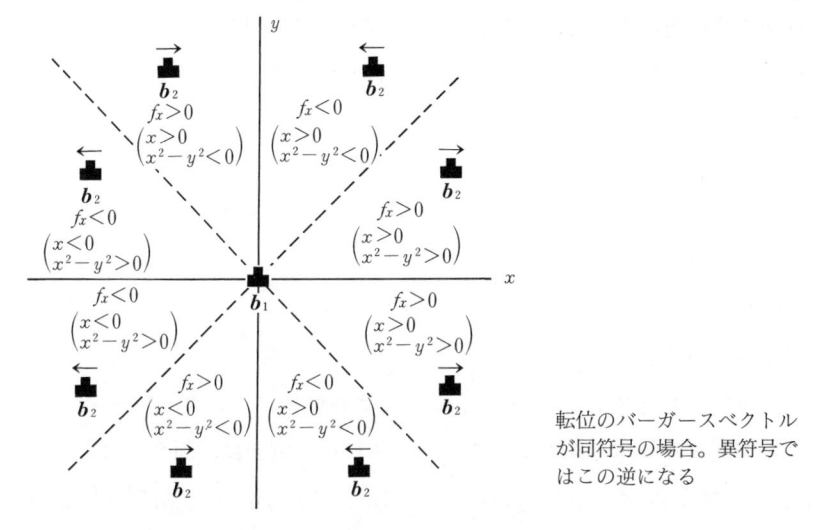

図 2.23 平行なすべり面上にある二つの刃状転位間に働く力

示す。

f_y についてはこのように簡単には求められないが，結果は以下のようになる。

$$f_y = \frac{Gb_1b_2}{2\pi(1-\nu)} \cdot \frac{y(3x^2+y^2)}{(x^2+y^2)^2} \tag{2.10}$$

転位の種類や互いの位置あるいは向きの関係が変わっても，転位どうしはほとんどの場合，何らかの相互作用を及ぼし合う。その結果，転位の運動しやすさに影響を及ぼす結果となる。

2.7.2 不動転位

転位は，通常，結晶系によって定まる一定のすべり面上を運動する。しかし，そのすべり面は一つではない。例えば，表 1.4 に示したように，面心立方格子のすべり面は {111} であるが，この中には，(111)，(11$\bar{1}$) など，四つの平行でないすべり面群が含まれる。外力が作用すると，これらのすべり面上を同時に多数の転位が運動し，異なるすべり面上の転位が出会う。もし，平行でないすべり面上の転位が合体して，別の転位を作る方がエネルギーが低くなる

ような条件が満たされれば，以下のような転位反応が起こる．はじめの二つの転位のバーガースベクトルを b_1，b_2，合体してできる新しい転位のバーガースベクトルを b_3 とすると，その反応は

$$b_1 + b_2 \longrightarrow b_3$$

と表される．転位のエネルギーは，バーガースベクトルの2乗に比例するから，先の条件は

$$b_1{}^2 + b_2{}^2 > b_3{}^2$$

と書くことができる．

ところで，上記の反応によって新しくできた転位は，必ずしもバーガースベクトルが通常のすべり面上にあるとは限らない．例えば，**図 2.24** のように，面心立方格子のすべり面 (111) と (11$\bar{1}$) 上の転位 $b_1 = a/2[10\bar{1}]$ と $b_2 = a/2[011]$ が合体して，新しい転位 $b_3 = a/2[110]$ ができる場合，b_3 はすべり面を (001) とする刃状転位である．ところが，(001) 面は面心立方格子の通

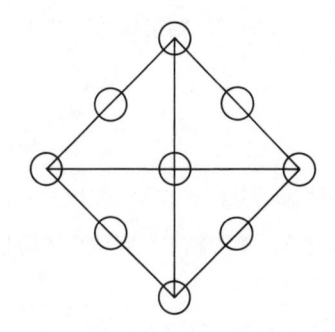

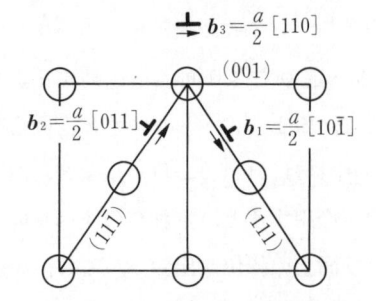

図 2.24　面心立方格子に形成される不動転位の例

常のすべり面ではないので，この転位は容易に動けない。このような転位を不動転位（sessile dislocation）といい，不動転位が結晶内に形成されると，その場所へ後からやってくる転位も非常に動きにくくなる。

2.7.3 転位の増殖

これまで，転位は結晶に外力が加えられたときに生ずるとしてきたが，実際には，転位はそれ以外のさまざまな原因によっても形成される。したがって，液相から凝固したばかりで，何の外力の作用も受けていない結晶であっても，すでにある程度の数の転位は必ず含まれている。

しかし，はじめから含まれている転位だけでは，大変形を起こすためにはまだ十分ではない。巨視的な大変形量を賄うためには，膨大な数の転位が必要となり，その数は，当初含まれる転位数の数十，数百万倍にも達する。そのような大変形のためには，転位は結晶内で増殖しなければならない。図 2.25 に，代表的な転位の増殖機構を示す。

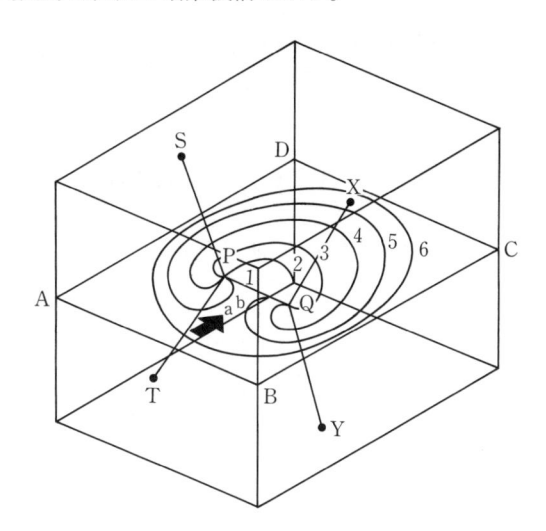

図 2.25　転位の増殖機構

図中の面 ABCD がすべり面である。この上に転位線の一部 PQ が乗っている。この転位は，P において別の結晶面上にある転位 PS, PT とつながって

いる。3本の転位PQ, PS, PTが点Pで結節点を作っていると考えてもよい。他端Qにおいても同様である。このような状態の転位に対して、面ABCDに働くせん断応力を加えて転位を移動させようとしても、PQ以外の部分はすべり面上にないから、動くことができない。すなわち、この転位は点P, Qにおいてピン止めされたゴムひものようなものであり、PQ間の部分だけが外力の作用を受けて、1のような直線的な形から、2, 3, 4のようにしだいに外側へ膨らんでゆく。さらに外力を加え続けると5の状態となり、同一の転位のa,b部分が接触する。ところが、このa,b部分はバーガースベクトルが同じで向きが逆になっているため、接触した部分で消滅する。残った転位の部分は張力があるため、1, 6の二つの部分に分かれた状態となる。その結果、この一連の運動によって転位が1本増えたことになる。

この転位の増殖機構はフランクとリードによって提唱され、このような増殖源をフランク-リード源（Frank-Read source）と呼んでいる。このほか、さまざまな転位の増殖機構が考えられており、変形中には大規模な転位の増殖を行いながら転位が運動し、巨視的な変形を賄っている。

演 習 問 題

【2.15】 向きも大きさも同じバーガースベクトルをもつ二つの刃状転位は、どのような配列をとるのが安定か。

【2.16】 転位の増殖に対するフランク-リード機構を説明しなさい。

2.8 材料の強化法（１）―加工硬化および固溶強化―

2.8.1 加工硬化の過程

2.1節で述べたように、材料は一般に変形が進むにつれて硬化する加工硬化という現象を示す。金属材料では特に加工硬化現象が顕著なので、これを利用して材料を強化することができる。

図2.26に、黄銅（brass, Cu-Zn合金）の、加工度に対する機械的性質の

2.8 材料の強化法(1)　95

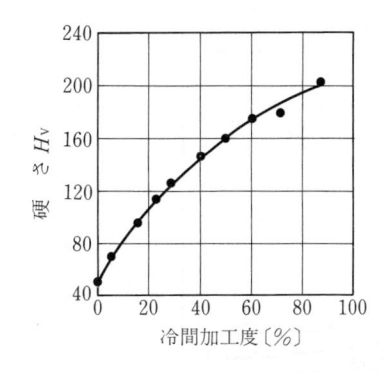

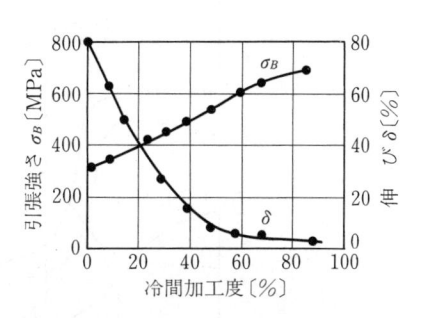

図 2.26 黄銅の加工度による機械的性質の変化
〔矢島悦次郎，市川理衛，古沢浩一：若い技術者のための機械・金属材料，丸善（1979）の p.58 より〕

変化を示す。加工度が高くなるにつれて硬さや引張強さは増大し，伸びは減少しており，典型的な加工硬化現象を示している。加工硬化した材料を元に戻すには，再結晶温度以上で焼鈍を行えばよい。

図 2.27 は，加工硬化した材料の，加熱による性質の変化を模式的に示したものである。再結晶温度を境にして硬さや引張強さが減少する様子がよく現れている。

一連の加工硬化および焼鈍による軟化の過程をミクロな立場から観察する。加工を受けて大きく変形した材料は，**図 2.28** のように，結晶粒が大きく変形している。このような大きな変形を引き起こすためには，各結晶粒の内部では転位が増殖し，多数の転位がからみあった状態になっている。図 2.27 には，横軸上の各温度で観察される材料の顕微鏡組織を併せて示してあるが，（a）はこの状態の組織を表している。多数の転位のからみあいは，結晶粒に斜線を引くことによって表現した。転位が増殖して転位密度（dislocation density）が高くなると，2.7 節で述べたような相互作用が大きくなり，ときには不動転位を形成したり，あちこちに結節点を作って，転位のネットワーク（dislocation network）ができるようになる。このような状態では，加工前の転位密度の低い状態に比べて転位の運動が非常に困難になる。これが，加工によって材料が硬化する原因である。

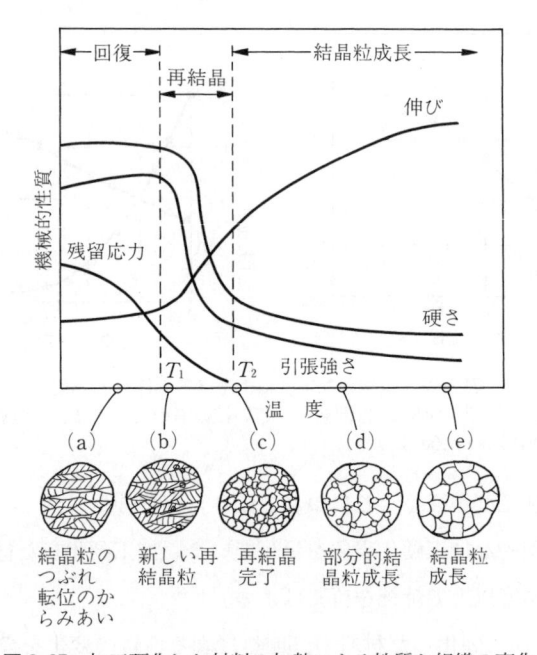

図2.27 加工硬化した材料の加熱による性質と組織の変化

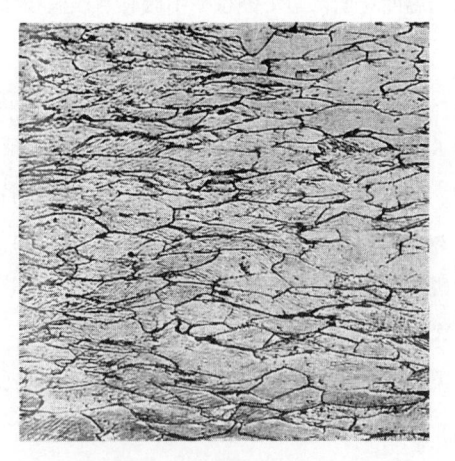

図2.28 加工による結晶粒の変形（×200）
〔佐藤知雄編：鉄鋼の顕微鏡写真と解説，丸善（1979）のp.77より〕

2.8.2 回復と再結晶

　上記のように，多数の転位を含み，それによって結晶格子が大きくひずんだ状態はもともとエネルギーが高く，不安定である。したがって，結晶はより安定な，欠陥の少ない状態に戻ろうとする自発的傾向をもっている。ただ温度が低いために原子移動が活発に行われないので，そのままの状態で凍結されているだけである。しかし，加熱により温度が上昇すると，熱エネルギーを吸収して原子の活動度が上昇し，転位や点欠陥などの格子欠陥が動きやすくなる。その結果，格子間原子と原子空孔が合体して消滅したり，異符号の転位どうしが合体消滅したりして欠陥の密度が低下する。

　このように，加工硬化により異常に増大した転位などの格子欠陥が，合体，消滅などを通して，少しでも安定な状態に移行する過程が回復（recovery）である。回復は温度の上昇とともに起こりやすくなるが，加工硬化によって生じた欠陥のすべてを消滅させることはとてもできないので，温度上昇による性質の変化は緩やかで，後述の再結晶のように急激な変化は起こさない。また，この過程の間は顕微鏡組織的には何の変化も認められず，結晶粒は変形したままである。

　温度をさらに上昇すると，ある温度で急激に硬さや引張強さが低下し始める。このとき，顕微鏡組織的に大きな変化が現れる。すなわち，大きくひずんだ元の結晶粒の境界（結晶粒界）の部分に，全くひずみを含まない新しい結晶粒ができ始める〔図2.27(b)〕。これが再結晶（recrystallization）である。温度が上昇して原子移動が活発になると，結晶はより安定な（ひずみの少ない）原子配列をとろうとして，原子の再配列を起こし始める。元の状態がひずみエネルギーの大きい状態であれば，再結晶を起こすための活性化エネルギーとの差は小さくなるから，それだけ吸収する熱エネルギーは小さくてすむ。加工度の大きい結晶ほど低温で再結晶が起こるのは，このような理由による。再結晶粒内には転位などの欠陥がほとんど含まれないため，性質も加工硬化前に戻る。

　はじめ結晶粒界付近に発生した再結晶粒は，しだいに古い結晶粒を侵食する

形であちこちにでき始め，ついには図2.27(c)のように結晶全体を覆うようになり，再結晶は完了する。温度をさらに上げていくと，再結晶粒のうちのあるものが隣の結晶粒を侵食する形で結晶粒が成長し始める〔同図(d)〕。1.5節で述べたように，結晶粒界は面欠陥の一種であるから，欠陥部分を小さくしようとするこの変化は，エネルギー的には当然起こりうる変化である。さらに，結晶粒界は原子配列が乱れているため，転位の運動に対しては障害となる。そのため，結晶粒界が少ない（結晶粒が大きい）方が材料の強度は低下する。**図 2.29** は軟鋼の降伏応力と結晶粒径の関係を示したもので，粒径が小さくなるほど降伏応力が上昇する様子がよくわかる。図から，降伏応力 σ と粒径 d の間には，ほぼ

$$\sigma = \sigma_0 + kd^{-1/2}$$

の関係が成り立つことがわかる。σ_0 は粒界を含まない単結晶の降伏応力，k は材料定数である。これをホール-ペッチ（Hall-Petch）の関係という。この関係は，軟鋼以外にもほとんどの金属で成立することが経験的に確かめられている。

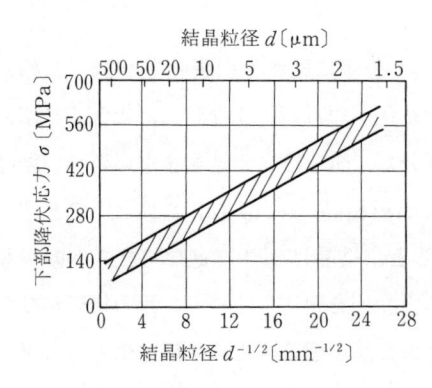

図 2.29 軟鋼の降伏応力と結晶粒径の関係〔Morrison による〕

2.8.3 固溶強化

1.6節でも見たように，一般に金属は異種原子を固溶させることによって強化する。溶質原子は母相の溶媒原子とは大きさが異なるため，侵入型でも置換型でも，**図 2.30** のように母相の結晶格子をひずませる。そのため母相内の転

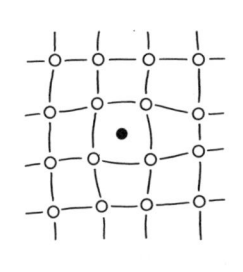

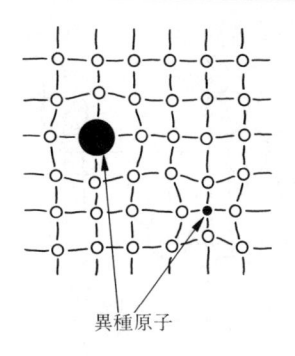

2.9 材料の強化法(2)　　99

(a) 侵　入　型　　　　(b) 置　換　型

異種原子

図 2.30　異種原子の固溶による結晶格子のひずみ

位が動きにくくなり，強化される。

演 習 問 題

【2.17】　加工硬化の起こる原因を，ミクロな立場から説明しなさい。
【2.18】　回復と再結晶の違いを説明しなさい。
【2.19】　加工度の高い材料ほど低い温度で再結晶が起こる理由を述べなさい。

2.9　材料の強化法(2)—マルテンサイトによる強化—

2.9.1　マルテンサイト変態

　鉄鋼材料をオーステナイト温度から焼き入れると著しく硬化することは，2.2節ですでに述べた。このときにできる組織は，マルテンサイトと呼ばれる偽平衡組織で，平衡組織であるパーライトに比べて非常に硬く強いので，これを利用して鉄鋼の強化が行われる。それでは，マルテンサイトはなぜ硬いのであろうか。その疑問に答えるためには，マルテンサイト変態の機構を知らなければならない。鉄鋼を徐冷したときに起こる通常の共析変態は，Fe原子の拡散移動による拡散変態である。これに対し，マルテンサイト変態は原子の拡散を伴わないいわゆる無拡散変態である。図 2.31 を用いてその様子を説明しよう。

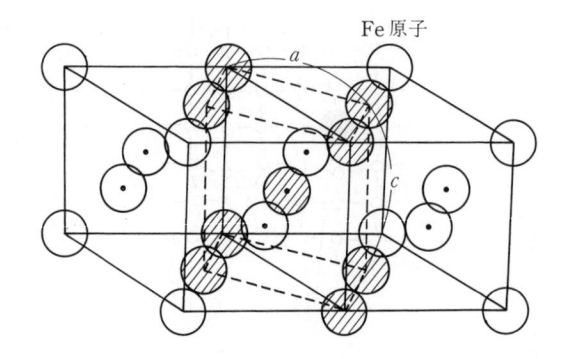

図 2.31 オーステナイトの結晶格子

　図には，高温側のオーステナイトの結晶格子が示されており，結晶型は面心立方格子である．ところが，この格子を作っている Fe 原子のうち，斜線で示した 9 個に着目すると，これらは点線で示されるような体心正方格子を形成している．この正方格子の軸比 c/a は $\sqrt{2}$ である．すなわち，面心立方格子は，見方をかえれば軸比 $\sqrt{2}$ の体心正方格子とみなすこともできる．一方，低温側のフェライトは体心立方格子である．したがって，もしオーステナイトの面心立方格子が c 軸方向に縮み，a 軸方向に伸びれば，隣の原子との相互位置関係を保ったままで，面心立方格子は体心立方格子に近づくことができる．

　このような，拡散による原子移動なしに，単に格子のずれだけによる変態を無拡散変態という．マルテンサイト変態のこの機構は，ベイン（Bain）の変態機構と呼ばれている．この機構により，マルテンサイトは，軸比が $\sqrt{2}$ よりやや小さくなった体心正方格子に過飽和の C 原子が含まれたものとなる．

2.9.2　マルテンサイト変態による硬化の機構

　図 2.32 はマルテンサイトとパーライトの硬さを比較したもので，C 量によっても異なるが，マルテンサイトはパーライトに比べていかに硬いかがわかる．一般に，正方格子は立方格子に比べて対称性が低いために，すべり面の数が少なく，それだけすべりを起こしにくいといわれている．しかし，それだけでは，鉄鋼のマルテンサイトの異常な硬さは説明できない．同様のマルテンサイト変態は Cu-Al 合金や Ti などにも見られるが，これらのマルテンサイトは

2.9 材料の強化法(2)

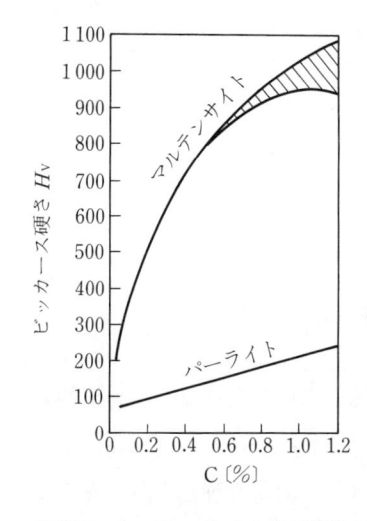

図 2.32 マルテンサイトとパーライトの硬さの比較
〔矢島悦次郎，市川理衛，古沢浩一：若い技術者のための機械・金属材料，丸善（1979）の p.123 より〕

鉄鋼のマルテンサイトほど硬くはない。

鉄鋼のマルテンサイト組織だけが非常に硬くなるのは，以下のような理由によると考えられている。

まず第一に，マルテンサイト型の格子変態が起きる際に，多数の転位や双晶などの格子欠陥が発生することである。この変態はあらゆる場所で同時に起こるとは限らないから，変態を起こした領域とそうでない領域の間に，極めて大きい弾性ひずみが生じる。これは，放っておくとき裂の発生を生じかねないほどの大きなものである。それを緩和するために，多数の転位などが発生し，領域自体を変形させようとする。マルテンサイト変態によって生ずる鉄鋼中の転位密度は，ほかには見られないほど高い。

第二に，C原子の存在が挙げられる。これは，共析変態ではオーステナイト中から掃き出され，セメンタイトを形成するが，マルテンサイト中にはこのC原子が過飽和に固溶されている。この過飽和度が，他の金属には見られないほど高い。

さらに，これらのC原子は，**図 2.33** に示すように，刃状転位の周囲の比較的格子面間隔の大きい領域に集中する傾向がある。これをコットレル雰囲気という。これができると，転位はC原子を引きずって移動しなければならなく

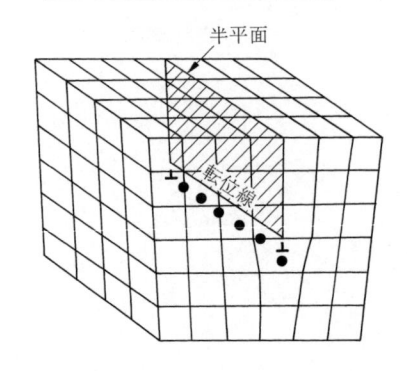

図2.33 コットレル雰囲気 (半平面, 転位線, ● C原子)

なり,転位の移動に対する抵抗は著しく高くなる。この効果をコットレル効果 (Cottrell effect) と呼んでいる。

以上が総合的に作用して,鉄鋼のマルテンサイトが異常な硬化を示すものと考えられる。

マルテンサイト変態により硬化した鉄鋼材料を元に戻すためには,2.2節で述べた焼戻しという熱処理が用いられる。焼戻しによって軟化する理由は,加熱によって過飽和に含まれていたCが掃き出され,拡散移動によってマルテンサイト組織が平衡組織であるパーライトに変化するためである。

2.9.3 炭素量の影響

以上のように,鉄鋼のマルテンサイト変態による強化はC原子の存在と大きく関係している。図2.34に,種々のC含有量の炭素鋼に対する焼入れ温度と硬さの関係を示す。共析組織（C0.8％）以下のC含有量では,C量の増加とともに最高到達硬さが増大するが,それ以上ではC量が増しても硬さはほぼ一定のままである。これは,共析組成の鋼が全面的にマルテンサイト化されたことを示すもので,このときの硬さ（H_V約900またはH_RC65）がマルテンサイトの硬さと考えてよい。さらに,共析組成以下ではC含有量が低くなるほど最高硬さの得られる焼入れ温度は高くなるが,これは,図2.5の平衡状態図からわかるように,鋼が完全にオーステナイト化される温度が高くなるためである。このように,焼入れ前加熱温度はC量によって変わるので,熱処

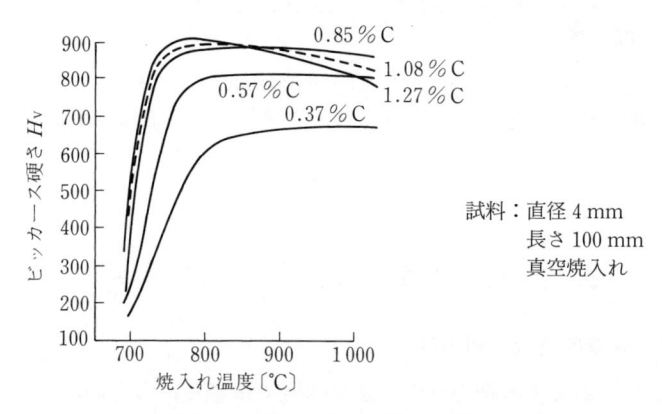

図 2.34 焼入れ温度と硬さの関係
〔矢島悦次郎，市川理衛，古沢浩一：若い技術者のための
機械・金属材料，丸善（1979）の p.128 より〕

理の際注意しなければならない。

さらに，マルテンサイト変態温度も C 量によって変化する。**図 2.35** はマルテンサイト変態温度と C 量の関係を示すもので，C 量が増加するにつれて変態開始・終了温度ともに低下している。特に C 量が 0.7 % 以上になると，変態終了温度が室温以下になるため，通常の方法で焼入れ処理を行っても十分にマルテンサイト化せず，硬化が不十分なことがある。このようなときは，室温まで焼入れを行った後，ドライアイスや液体空気などの冷却剤を用いて室温以下まで冷却する必要がある。この処理を深冷処理（サブゼロ処理，sub zero treatment）という。

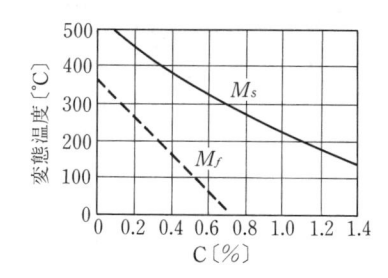

図 2.35 マルテンサイト変態温度と C 量の関係
〔矢島悦次郎，市川理衛，古沢浩一：若い技術者のための
機械・金属材料，丸善（1979）の p.131 より〕

104   2. 材 料 の 強 度

演 習 問 題

【2.20】 マルテンサイト変態と共析変態の相違点を述べなさい。

【2.21】 鋼の焼入れ処理に対するC量の影響を列挙し，それぞれについて説明しなさい。

2.10 材料の強化法(3)—恒温変態処理—

2.10.1 鉄鋼の連続冷却曲線

図2.36は，ある種の鋼をさまざまな速度で冷却したときの，各温度における組織を示したものである。(1)〜(13)の曲線が，それぞれ異なる冷却速度に対する経過時間と温度の関係を示している。冷却速度の最も低い曲線(1)では，約700℃でオーステナイトからフェライトが析出し始め，600℃まで低下する間にフェライト量が66％に達する。これは，いわゆる初析フェライト

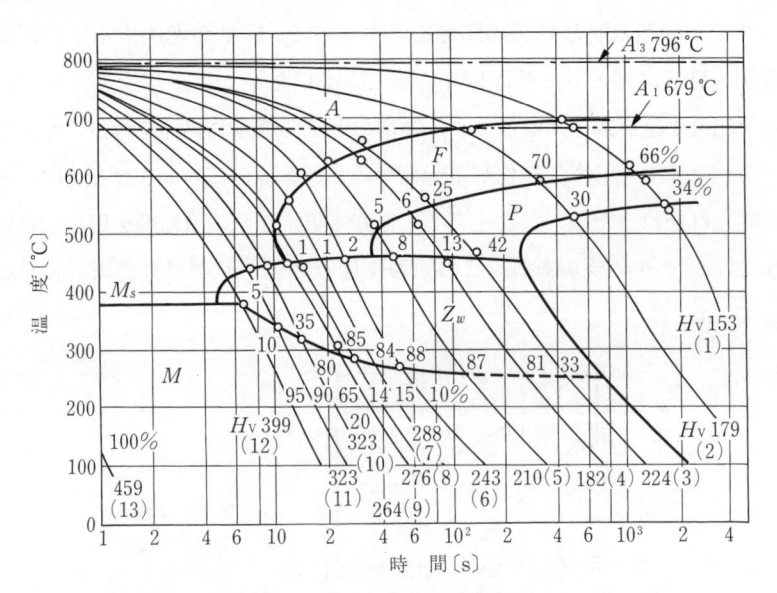

図2.36 高張力鋼 (C<0.18％, Si 1.2〜1.5％, Cu 0.25〜0.50％, Ti<0.15％) の連続冷却変態曲線
〔矢島悦次郎, 市川理衛, 古沢浩一：若い技術者のための機械・金属材料, 丸善 (1979) のp.140より〕

である。この温度で残りの過冷オーステナイトはパーライトに変わり始め，最終的には，この鋼は 66 % のフェライトと 34 % のパーライトを含む鋼となり，ビッカース硬さ H_V は 153 となる。この冷却速度では，室温まで冷却するのに 7 000 秒（約 2 時間）もかかることがわかる。以上は，鋼の平衡状態図（図 2.5）で示されるとおりの共析変態である。ところが，冷却速度が最も高い曲線（13）では，わずか 2 秒以内に 100 ℃ まで温度が低下しており，得られる組織は 100 % マルテンサイトで，ビッカース硬さは 459 である。曲線（2）から（12）についても，同様のことがこの図から読み取れる。このような図を連続冷却状態図（continuous cooling phase diagram）という。また，図中太線で示した曲線は，各冷却速度による冷却曲線の変態開始温度と終了温度を結んで得られる曲線で，これを連続冷却変態曲線（continuous cooling transformation curve）または CCT 曲線という。各変態曲線で囲まれる領域には，その温度と時間において存在する組織名が示されている。なお，図 2.36 中には記号 Z_w で示される領域があるが，これはベイナイト（bainite）と呼ばれる中間相である。ベイナイト組織については，2.10.3 項で説明する。

2.10.2 鋼の恒温変態

これまで見てきた焼入れ法は，いずれもオーステナイト温度から室温までを連続的に冷却するものであった。ところが，この方法では一挙に 700 ℃ もの温度差を短時間のうちに冷却することになるので，急激な膨張，収縮によって大きなひずみが残留したり，ときにはき裂を生じたりする危険がある。図 2.37 はさまざまな冷却速度による共析鋼の熱膨張曲線である。曲線 d が水焼入れをしたときの膨張曲線であるが，200 ℃ 付近で温度降下曲線は左上に上昇し，マルテンサイト変態を起こすと鋼は急激に膨張することを示している。

このような危険を防ぐためには，鋼をいったんマルテンサイト変態温度以上の温度まで急冷し，その後ゆっくりとマルテンサイト変態温度を通過させればよい。このように，材料をいったん室温以上の温度まで急冷し，その温度で一定時間保持した後，徐冷する操作を恒温変態（isothermal transformation），

図 2.37 共析鋼の熱膨張曲線

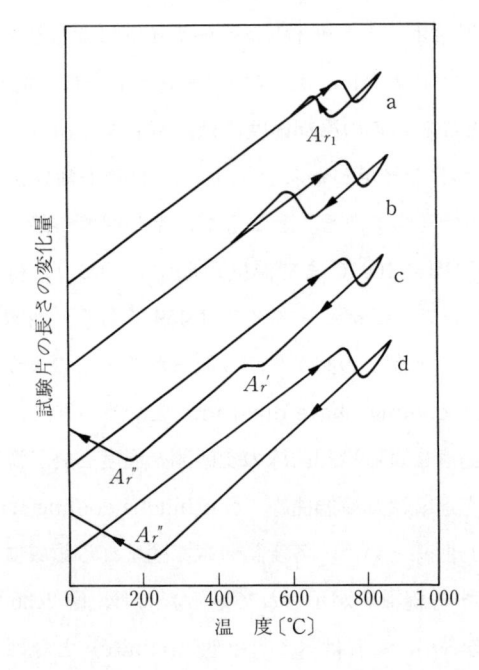

a 徐冷
b 空冷
c 油焼入れ
d 水焼入れ

または等温変態という。鋼に対して恒温変態を行う目的は，前述のように，マルテンサイト変態による急激な膨張を防ぐことのほか，ある温度で鋼を保持している間に進行する変態を利用して特殊な組織を得ることが挙げられる。オーステナイト化した鋼を共析変態点以下のある温度まで急冷し，その温度で保持すると，オーステナイト組織は別の組織に変態する。このときの変態開始時間，終了時間を保持温度ごとに測定し，開始温度，終了温度を結ぶと図 2.38 のような図が得られる。これを，恒温変態曲線 (isothermal transformation curve) または TTT 曲線 (time-temperature transformation curve) という。変態開始時間と終了時間は鋼種によって異なるが，曲線の概略の形は共通しており，500～600°C 付近に左に向かって大きな凸部（鼻）をもつのが特徴的である。その形状から，これらの曲線はまた C 曲線，S 曲線などとも呼ばれる。恒温変態曲線がこのようにある温度で凸部（鼻）をもつ C 字形になる理由は，1.14 節で説明したとおりである。

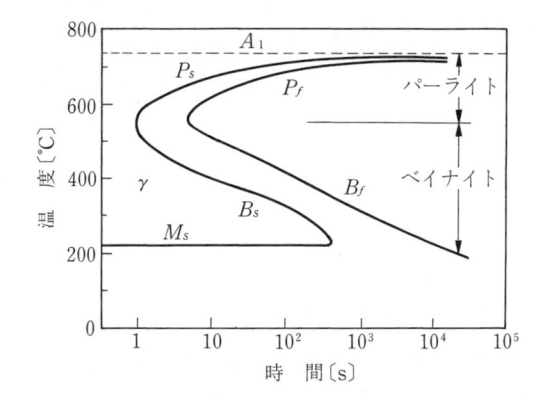

図 2.38　共析鋼の恒温変態曲線

2.10.3　恒温変態組織

恒温変態の結果得られる組織は保持温度によって異なり，鼻の温度より高いとパーライト組織，低いとベイナイト組織となる。これはさらに高温側の上部ベイナイトと低温側の下部ベイナイトに分けられる。図 2.39 にベイナイト組織を示す。この組織は，セメンタイトまたはそれ以外の Fe 炭化物とフェライトが非常に細かく混じり合ったもので，組織的にはパーライトより微細なトル

（a）上部ベイナイト　　　　　　（b）下部ベイナイト

図 2.39　ベイナイト組織（×670）
〔佐藤知雄編：鉄鋼の顕微鏡写真と解説，丸善（1979）の p.49 より〕

ースタイト（troostite）に近いが，より細かい。ベイナイトは，図に見られるような外観から，羽毛状（上部），針状（下部）などと形容される。特に上部ベイナイトは組織が非常に細かいために，強度，靱性ともに大きく，線材，ばね材として大変優れている。炭素鋼では，ベイナイトは恒温変態によってのみ得られ，連続冷却では得られないので，ベイナイトを得ることも恒温変態の大きな目的となる。

　以上のように，ベイナイトは極めて優れた機械的性質をもっているため，線材の加工などでは特に恒温変態を利用している。恒温変態によって上部ベイナイトを得たのち，線引加工を行い強度を高める。強い線引加工によって加工硬化が進行し，加工が行えなくなると，再び恒温変態を行ってから加工を行う。このように，加工と熱処理を繰り返し行いながら材料を強化する方法を加工熱処理（thermo-mechanical treatment）という。上記の線引加工はパテンティング（patenting）と呼ばれ，加工熱処理の代表的なものである。このほか，過冷オーステナイトの状態で塑性加工を行い，加工中にマルテンサイト変態を行わせるオースフォーミング（ausforming）なども加工熱処理の一つである。

演習問題

【2.22】 鋼に対して恒温変態を行う目的を述べなさい。

【2.23】 ベイナイト組織とはどのような組織か，また，それは鉄鋼の他の組織と比べてどのような有用性をもっているか。

2.11　材料の強化法（4）—時効処理—

2.11.1　時効硬化

　マルテンサイト変態による強化法と並んで，今日広く行われている強化法に，時効硬化（age hardening）または析出硬化（precipitation hardening）と呼ばれる強化法がある。これは一種の熱処理による強化法であり，概略は2.2節で述べた。この方法は，歴史的には主としてAl合金など非鉄金属材料

の強化法として開発されてきたが，合金鋼の 2 次硬化法なども原理的には同じで，析出による強化法である。

図 2.4 に示したような状態図をもつ合金（成分 B の濃度 x）を，図中の×印で示される温度 T_1 まで加熱すると，この温度では濃度 x は固溶範囲内であるから，成分 B は成分 A 中に完全に溶けて均一固溶体となる。このとき x は，α 固溶体の T_1 における固溶限 d_0 より必ず低くなければならない。この加熱処理を溶体化処理（solution treatment）という。この均一固溶体を冷却すると，図中の点線に沿って温度が下がり，本来ならば点線が溶解度曲線と交わる温度 T_2 で θ 相の析出が始まるはずである。ところが，このとき冷却速度が非常に高いと，析出が間に合わず，成分 B は A 中に過飽和に固溶されたまま，温度だけが下がることになる。このような，急冷によって作られた過飽和固溶体（supersaturated solid solution）は，エネルギー的には準安定状態と考えられる。ところが，これは真の安定状態ではないから，このまま長時間放置したり（自然時効），ある程度の温度まで加熱したり（人工時効）すると，B 原子が徐々に移動し始め，より安定な析出状態に近づこうとする。その過程で材料は非常に硬く強くなり，これを利用して材料を強化することができる。これが時効硬化である。

2.11.2　時効処理による硬化の機構

急冷（焼入れ）の終わった直後の状態は，まだ B 原子が A 原子の形成する母相中に均一に固溶した状態である。この時点では材料はまだ硬化されていない。その後，B 原子が移動し始めても，直ちに安定析出相の θ 相ができるわけではない。θ 相は，本来 A 原子が主体となって形成している母相の α 相とは異なる結晶構造をもっている。したがって，θ 相ができるためには，第一段階としてまず均一に分散している B 原子が集合することが必要である。このとき，B 原子はまだ α 相の原子配列をとっており，θ 相本来の構造にはなっていない。いわばこの状態は，非常に微細な B 原子の集合体が α 相内に析出したようなもので，この集合体をギニエ-プレストン（Guinier-Preston）集合

体または GP 帯 (G-P zone) という。

　この集合体は平衡状態図には現れない不安定相であるが，析出相が極めて微細であるため，転位の移動に対して大きな障害となる。そのため，これができた段階で材料は非常に硬くなる。その後さらに析出が進むと，析出相はしだいに大きくなる。このような場合，図 2.40 に示すように，析出相そのものはやはり転位の運動の障害物として作用するが，転位はその障害物を回り込むような形で通過することができるようになる。すなわち，図(a)のように並んでいる析出相のところへ転位がやってくると，析出相に引っかかったところでは転位は動けないから，析出相の周囲を回り込むようにして前進する。ここで析出相を回り込んだ両側の転位は符号が逆になっているため，接近して消滅する。そうすると，図(d)のように，析出相のまわりに転位線を残して，その他の部分はさらに前進することができる。

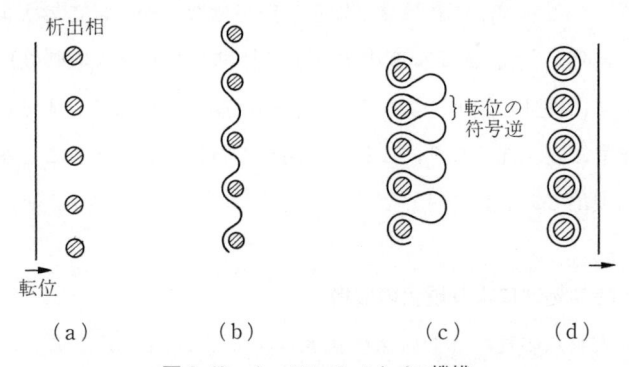

図 2.40　オロワンのバイパス機構

　このメカニズムはオロワン (Orowan) のバイパス機構と呼ばれるが，これによって転位が析出相を通過することができるようになるためには，析出相がある程度以上大きくなければならない。そのため，時効が進みすぎるとかえって転位が動きやすくなる結果になり，材料の軟化をもたらす。この現象を過時効 (over aging) という。

2.11.3 時効硬化の実例

図 2.41 は，時効硬化合金としてよく知られている Al-Cu-Mg 合金（超ジュラルミン）の，人工時効時間に対する機械的性質の変化を示したものである。人工時効というのは，析出を促進するために，過飽和固溶体に対してある温度まで再加熱する処理のことである。図中の各曲線は，それぞれ異なった温度で時効処理された場合に対応している。引張強さや耐力などは，はじめわずかに低下するが，その後急速に上昇し，時効硬化が進んでいることを示している。しかし，さらに時効処理を続けると，逆にこれらは低下する。これが過時効である。処理温度が高すぎたり，時間が長すぎたりすると過時効となり，所定の強度は得られない。

Al 合金にはこれ以外にも時効硬化を示すものが多いが，それらの合金の状態図は，いずれも図 2.4 と同様の特徴をもっている。Al 合金以外にも，Cu-Be 合金（ベリリウム銅）や析出強化型ステンレス鋼などでは，いずれも同じ

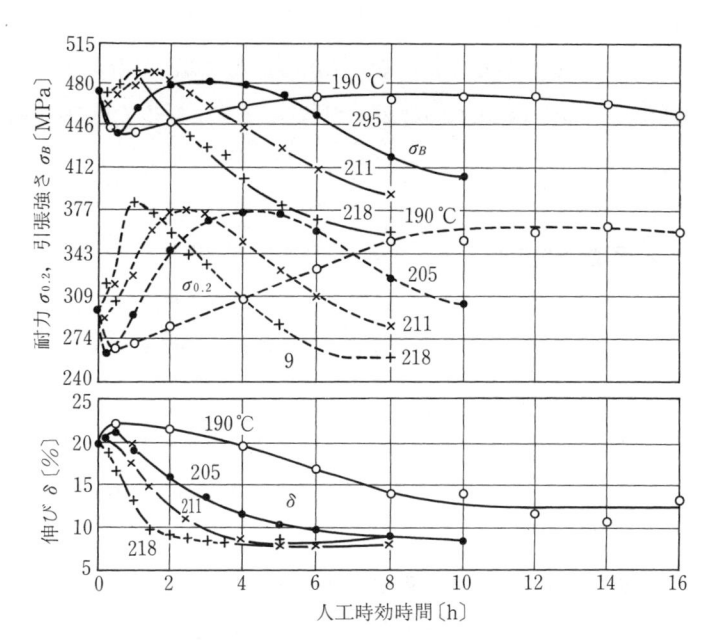

図 2.41 Al-Cu-Mg 合金（超ジュラルミン）の人工時効による機械的性質の変化〔W. A. Andersen による〕

112　　2. 材 料 の 強 度

ような時効硬化処理を行って非常に高い強度を得ている．

演 習 問 題
【2.24】 時効硬化を起こす合金の状態図上の特徴を挙げなさい．
【2.25】 時効処理の温度が高すぎたり時間が長すぎると過時効となるのはなぜか．

2.12　材料の強化法（5）―表面硬化法―

2.12.1　表面硬化法の必要性

　これまで述べてきた強化法では，ある機械部品に適用しようとすると，どうしてもその部品全体が強化されてしまう．機械部品によっては，一つの部品のある部分だけを強化したい場合がある．特に，カムや歯車などのように，他の部品と常に接触しながら動作を行う部品では，表面が摩耗しやすく，そのためしだいに形状が変化し，動作に誤差を生じるようになる．このような機械部品に対しては，特に表面だけを硬化する方法が必要となる．このような方法を一般に表面硬化法（surface hardening）と呼び，工業上極めて重要な技術である．

2.12.2　表面硬化の方法

　材料の表面だけを硬化させるには，前節までに述べた強化法を表面だけに施せばよい．以下に，強化または硬化の手法別にそれらを眺めてみよう．
〔1〕　加工硬化による方法
　表面だけに大きな機械的作用を加えて硬化を図る方法である．材料表面に小さい鋼球を吹き付けるショットピーニング（shot blasting, shot peening）などがこれにあたる．
〔2〕　マルテンサイト変態を利用する方法
　鉄鋼材料の表面硬化法として広く用いられる方法で，表面焼入れと呼ばれる方法がある．表面を急加熱，急冷することにより，表面だけに焼入れを行う．

2.12 材料の強化法（5）

急加熱するのは，ゆっくりと加熱すると，熱伝導により内部まで加熱され，焼きが入るおそれがあるからである。急加熱を行うためには，図 2.42 のように，アセチレンガスの火炎を吹き付ける方法（火炎焼入れ），電解液中で放電加熱する方法（電解焼入れ），図 2.43 のように，コイルを表面に近づけ，これに高周波電流を流して高周波加熱を行う方法（高周波焼入れ）などがある。加熱後，直ちに冷水を吹き付けて急冷を行う。以上の方法は，比較的簡単な装置で表面焼入れが行えるため，生産現場で広く用いられている。

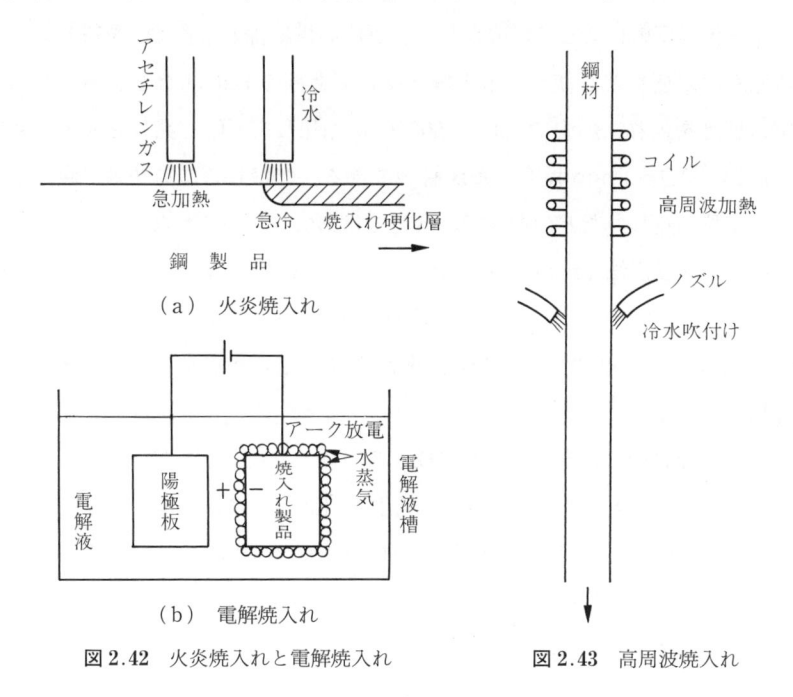

（a）火炎焼入れ

（b）電解焼入れ

図 2.42 火炎焼入れと電解焼入れ

図 2.43 高周波焼入れ

一方，これらとは別の手段で表面だけに焼入れを行う方法がある。それは，表面の C 濃度を内部よりもずっと高くしておき，材料全体を通常の方法で焼入れする方法である。C 濃度が高ければ高いほど鋼の焼入れ性は高いから（3.2 節参照），同じように焼入れ処理を行っても，表面だけに焼きが入って硬化される。これを浸炭法（carburizing）という。

はじめに，部品全体を低 C 濃度（0.2％程度以下）の鋼で作っておき，そ

の後,表面からCを拡散侵入させて濃度を高める。このときの浸炭深さや処理時間などは,1.13 節に示した拡散方程式によって求めることができる。Cを侵入させるのに,以下のような方法を用いる。

(a) **固体浸炭法** (pack carburizing)　　固体浸炭といっても,固体の炭素粉をそのまま鋼表面に押しつけて侵入させるわけではない。Cを侵入させるには,活性化されたC原子を用いる必要がある。そのような活性化炭素 $C_γ$ は

$$2\,CO \longrightarrow C_γ + CO_2$$

のような化学反応によって形成される。反応の供給源となるCOを得るのに,固体原料の木炭などを使う。木炭粉と反応促進剤の $BaCO_3$ などを詰めた鉄箱の中に部品を入れ,炉中で 850～1 000 °C に加熱してCOを発生させる。数時間の加熱で 0.1～1 mm 程度の浸炭層ができる。ただしこの方法は,浸炭層の厚さの調整が難しいなどの理由で,今日ではあまり用いられない。

(b) **ガス浸炭法** (gas carburizing)　　C供給源として,はじめから気体状のCO,メタン(CH_4),エタン(C_2H_6)などのガスを用いる方法で,固体浸炭に比べてC濃度や浸炭深さの調節が容易などの利点が大きいので,今日広く用いられる。

〔3〕 **表面に硬い化合物の層を形成する方法**

Al,Cr などを含む鋼の表面から,発生期(活性化された原子状態)の窒素(N)を侵入させると,N原子は Fe_x-Al_y-N_z または Fe_x-Cr_y-N_z のような非常に硬い複窒化物を形成する。これを利用した表面硬化を窒化(nitriding)法という。Nを侵入させるには,必ず発生期のN原子を用いなければならない。N原子の供給源として,アンモニアガス,シアン化合物などが用いられる。

(a) **ガス窒化**　　窒化したい部品を窒化槽に入れ,アンモニアガスを通じながら,500～550 °C に加熱する。アンモニアガスは次の反応により分解されて,発生期のNとなる。

$$NH_3 \longrightarrow N + 3\,H$$

(b) **液体窒化**　　NaCN,KCN などのシアン化合物を 500～600 °C に加

熱した塩浴中で窒化を行わせる。このとき，発生期 N は以下の反応で得られる。

$$2\,\mathrm{NaCN} + \mathrm{O_2} \longrightarrow 2\,\mathrm{NaNCO}$$

$$4\,\mathrm{NaNCO} \longrightarrow \mathrm{Na_2CO_3} + 2\,\mathrm{NaCN} + \mathrm{CO} + 2\,\mathrm{N}$$

上式からわかるように，この反応中，N のほかに CO が発生する。CO の発生は温度が高い（700 °C 以上）ほど盛んで，これは前述のように浸炭作用をもたらす。したがって，この方法を高温で適用すれば，浸炭と窒化が同時に行える。これを浸炭窒化法（carbo-nitriding）という。

演 習 問 題

【2.26】 浸炭法と窒化法の硬化の原理の相違を説明しなさい。

【2.27】 長い棒状の材料を，高周波焼入れによって表面硬化したい。そのための設備を設計しなさい。

2.13 材料の耐食性，耐熱性

2.13.1 材 料 の 腐 食

腐食（corrosion）とは，ごく一般的にいえば，材料が他の物質と化学反応を起こし，化合物を形成することである。したがって，もともと安定な化合物であるセラミックスやプラスチックが金属より腐食に対して強いのは当然のことである。金属の腐食は，図 2.44 に示すように，電解質溶液に化学反応の主役となる金属イオンが溶け出し，それが継続することによって起こる。陽イオンが溶け出すと，金属表面は負に帯電し，溶液との間に電位差を生ずる。陽イ

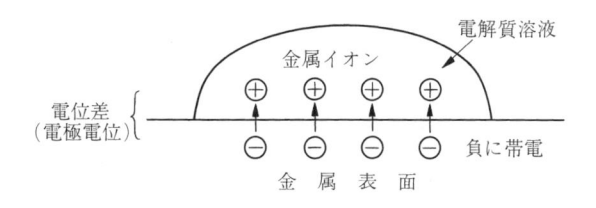

図 2.44 金属イオンの溶出

オン濃度が飽和値に達したときの電位差の大小は金属の種類によって異なり，電極電位（electrode potential）と呼ばれる．これは，金属の腐食しやすさを知るための一つの目安となる．

表2.5に，各種金属の電極電位を示す．表中の電位の数値は，基準となる水素電極に対する相対値であり，負の大きい値の金属ほどイオンになりやすいことを示す．正値の大きい金属を貴金属（noble metals），負値の大きい金属を卑金属（base metals）という．

表2.5 各種金属の電極電位

金属の種類	電極電位*〔V〕
$Li \longrightarrow Li^+$	-3.02
$K \longrightarrow K^+$	-2.92
$Na \longrightarrow Na^+$	-2.71
$Ca \longrightarrow Ca^{2+}$	-2.8
$Mg \longrightarrow Mg^{2+}$	-2.35
$Zn \longrightarrow Zn^{2+}$	-0.76
$Cr \longrightarrow Cr^{3+}$	-0.5
$Fe \longrightarrow Fe^{3+}$	-0.44
$Ti \longrightarrow Ti^+$	-0.34
$Co \longrightarrow Co^{2+}$	-0.26
$Ni \longrightarrow Ni^{2+}$	-0.25
$Pb \longrightarrow Pb^{2+}$	-0.13
$Sn \longrightarrow Sn^{2+}$	-0.14
$H_2 \longrightarrow 2H^+$	-0.00 （基準）
$Sb \longrightarrow Sb^{3+}$	-0.1
$Bi \longrightarrow Bi^{3+}$	$+0.2$
$As \longrightarrow As^{3+}$	$+0.3$
$Cu \longrightarrow Cu^{2+}$	$+0.34$
$2Hg \longrightarrow Hg_2^{2+}$	$+0.8$
$Ag \longrightarrow Ag^+$	$+0.81$
$Au \longrightarrow Au^+$	$+1.5$

*基準水素電極（20℃）に対する相対値

しかし，金属イオンが飽和値まで溶け出しただけでは，腐食は進行しない．溶け出したイオンが電流となって移動し，イオンの溶出が継続することが必要である．図2.45のように，金属表面の領域Aと領域Bから溶け出すイオンの量が違えば，領域A，Bの間に電位差が生じる．そうすると，その間に溶け出したイオンは電流となって流れ，金属からのイオンの溶出が継続する．し

2.13 材料の耐食性，耐熱性

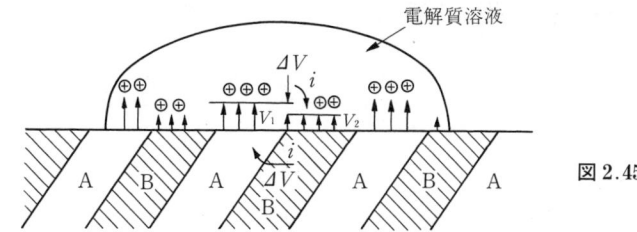

図2.45 金属腐食のメカニズム

たがって，腐食が進行するためには，イオン溶出の程度が異なる二つ以上の領域が表面に存在することが必要となる．合金では，異なる相が共存することが多いから，その異なる相がそれぞれの領域となる．純金属でも，結晶欠陥のある部分などでは，他の部分とはイオン溶出の程度が異なるので，やはり同じ現象が起きる．

2.13.2 耐食性を向上させる方法

以上のことから，金属材料の耐食性を高めるためには，原理的に次の二つの方法が考えられる．

① 材料をなるべく均質な組織とし，異なる相の混合状態を避ける．

② 金属表面を他の物質で覆い，腐食性物質との接触を避ける．

Feはもともと腐食されやすい金属であるが，上の①を利用して耐食性のよい合金を作ることができる．Cだけを含む鋼（炭素鋼）は，室温ではフェライトとセメンタイトの混合したパーライト組織になっている．鋼のさびやすい原因の一つに，このような混合組織である点が挙げられる．その鋼に多量のCrまたはNiを加えると，組織がフェライトやオーステナイトの均一組織となり，耐食性は飛躍的に向上する（3.3節参照）．図2.46は，HNO_3溶液に対する溶解量がNi，Crの添加によって減少する様子を示したものである．耐食性の向上が明らかである．これを利用したのがステンレス鋼（stainless steel）で，詳しくは3.4節で述べる．

②を利用して耐食性を高める方法も盛んに行われている．ペイントやめっきにより表面を被覆するのもその一つであるが，金属自身に表面被膜を形成させ

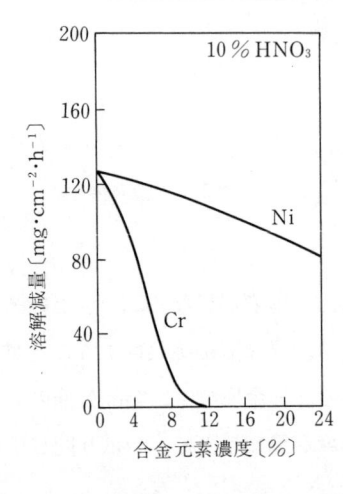

図 2.46 Ni，Cr の添加による鋼の耐食性の向上
〔須藤 一：機械材料学，コロナ社（1985）の p.127 より〕

ることもできる．溶け出した金属イオンが酸素イオンや水酸化イオンと反応すると，酸化物や水酸化物を形成し，それが被膜となって金属表面を覆う．もしその被膜が緻密ならば，被膜自身が保護膜として働き，腐食はそれ以上進まなくなる．このような保護膜のことを不動態（passive state）という．多くの金属でこの酸化被膜ができるが，Fe の酸化物は多孔質のため保護膜として働かない．鋼がさびやすい理由はそこにもある．

これに対して，Cr や Al の酸化被膜は緻密なため，保護膜としての作用が大きい．Fe よりも電極電位の高いこれらの金属の耐食性が鋼よりもよいのは，そういう理由からである．実際の材料の耐食性の順序が表 2.5 の電極電位の順序どおりになっていないのは，不動態形成の容易さおよび不動態の性質の違いによる．

2.13.3　金属の耐熱性

一般に，金属材料は高温になるほど強度と耐食性が低下するが，これは，熱エネルギーが吸収されることにより，転位の運動や化学反応が活発になるためである．図 2.47 は，室温と 450℃ における，軟鋼の応力-ひずみ曲線である．温度上昇により，降伏点も引張応力も低下していることは明らかである．この

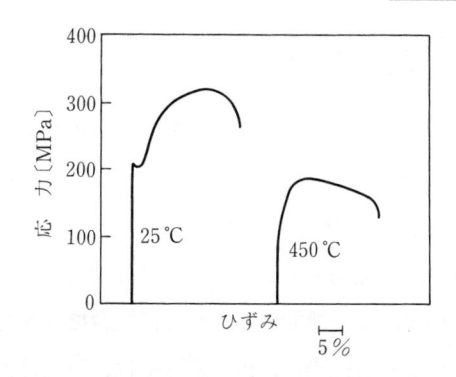

図 2.47 軟鋼の応力-ひずみ曲線の温度による相違

ような，温度上昇に伴う材料特性の低下を防ぐために開発されたのが耐熱材料である。

鋼を例にとると，高温での酸化速度の上昇を抑えるためには，Cr，Al，Si などの元素を添加するのが有効である。このうち，Al と Si は多量に加えると鋼をもろくするので，添加量に制限がある。それに対し Cr は，多量に加えてももろさの増加は大きくないので，耐熱鋼の添加成分として有効である。したがって，Cr を多量に含むステンレス鋼は耐熱材料としても優秀な性質をもっていることがわかる。ステンレス鋼は 700 ℃ 程度までは使用可能であるが，さらに高温では，Fe よりももともと耐熱性の高い Ni や Co を主体とし，高融点の Mo，W，Ti などを多量に添加した超合金（superalloy）が用いられる。1 000 ℃ を超える高温になるジェットエンジンやロケットエンジンの材料などには，金属の炭化物，窒化物，ホウ化物などを金属粉末で焼結したサーメット（cermet）が用いられる。

演 習 問 題

【2.28】 金属の耐食性を向上させるためには，どのような方法があるか。

【2.29】 Fe は Cr よりも電極電位の絶対値が小さいのに，Cr よりさびやすいのはなぜか。

2.14 材料設計

材料設計（materials design）とは必要な新しい材料を開発するための段取り作りである。20世紀の材料開発は金属，半導体，セラミックス，プラスチックにおける性能と生産性の向上が最大の目標であった。しかし，21世紀の材料開発は，これらに加えて，人間や地球環境に優しいことが必要である。公害を出さず，リサイクルもでき，その上，単一機能のみでなく，複合機能を持ち合わせ，さらには自己修復も必要になる。生物は，広い意味では，自己修復のできる複合機能を備えた材料の一つである。生物を模倣する21世紀の材料開発は新しい着想に基づくことが必須である。

そのためには材料設計が，
① 金属，半導体，セラミックス，プラスチック，生物に共通する因子を基準として行われること
② 実験，理論，コンピュータシミュレーションを相互補完することにより，より少ない実験で，目標の達成がより早くできる手法，言い換えれば，コンピュータ援用により行われること
③ 利用形状やサイズに対応して設計されること

の3項目を同時に満たす必要がある。現在のところ，①②③を同時に満足する方法は見られない。しかし，固体内の電子を対象にすれば，①と②をともに満たすことは可能である。ここでは固体電子論を活用した材料設計について述べる。

2.14.1 価電子濃度の方法

価電子濃度の方法とは，固溶体から出現する金属間化合物の種類とその結晶構造は結合に関与する価電子数で決まるとするヒューム-ロザリーの経験則であり，1.6.3項で述べた。

2.14.2 電子空孔数 N_v, $\overline{N}_v$ の方法

高融点金属は遷移金属（transition metal）に属する。遷移金属ではd核軌道の電子が満たされないため，その価電子濃度をはっきりと決めることができない。ポーリング（Pauling）は，1938年，遷移金属の磁性を説明するために，電子空孔数（number of electron vacancies）N_v を提案した。一般に，短周期表におけるX族の遷移金属の場合，$N_v = 10.66 - X$ になる。いくつかの遷移金属の N_v を次に示す。

Ni：0.66，Co：1.66，Fe：2.66，Mn：3.66，Cr：4.66，W：4.66，Mo：4.66〜5.66

超耐熱合金はベース材のNiにCr，W，Mo，Tiなどの合金化元素を添加して作られる。この場合，σ相（FeCr，CoCrなどからなる複雑な金属間化合物）が生成すると脆化するため，高温では使えない。そこで，Beckは，1954年，σ相の生成範囲が N_v の組成平均 $\overline{N}_v$ で整理されることを示した。すなわち，合金化元素 i の原子率が x_i，電子空孔数が N_v^i であるとき，$\overline{N}_v = \sum x_i N_v^i$ となるが，$\overline{N}_v > 3.55$ では σ 相が発生し，$\overline{N}_v \leq 3.55$ では発生しない。このため，Ni基耐熱合金では後者の $\overline{N}_v$ が得られる組成に調整する必要がある。

BoeschとSlaneyは，1964年，この脆化相の生成をコンピュータ援用で予測することができるPHACOMP法（phase computationの略）を発表した。これより以後，「合金設計」（alloy design）の用語が使われ始めた。PHACOMP法は，現在，Ni基耐熱合金の品質管理法としてアメリカの材料規格（ASTM）に採用されている。

2.14.3 d電子合金設計法

前2項は純金属パラメータを用いて合金の予測を行うものである。ここでは合金の予測精度をさらに向上させるため，1984年，森永らにより提案された二つの合金パラメータ，すなわち，結合次数（bond order）B_0 とd電子軌道エネルギーレベル M_d を用いたd電子合金設計法について述べる。

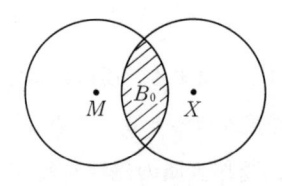

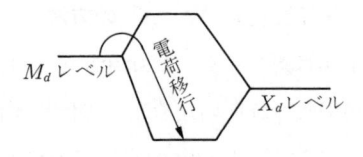

(a) 結合次数 B_0　　(b) d軌道エネルギーレベル M_d

図 2.48　合金設計に用いる合金パラメータ

B_0 とは，図 2.48(a)に示すように，合金化元素 M とマトリックス金属 X の間で電子雲が重なる度合いを示すパラメータである。B_0 が大きいほど M-X 間の原子結合力（共有結合性）は強い。次に M_d を説明する。同図(b)に示すように，例えば，M，X の d 軌道エネルギーレベルが $M_d > X_d$ の関係にある場合，M と X が結合すると，M の電子は吐き出されて X へ移行するため，エネルギーレベルは M_d に変わり，M の電気陰性度も低下する。

表 2.6 に Ni 合金の M_d 値，B_0 値を示す。マトリックス金属 X が合金である場合，各パラメータを組成平均した $\overline{B_0} = \sum X_i (B_0)_i$，$\overline{M_d} = \sum X_i (M_d)_i$ が用いられる。ここで，X_i は合金化元素 i の原子率，$(B_0)_i$ と $(M_d)_i$ はその B_0 値，M_d 値である。

表 2.6　Ni 合金における合金化元素の M_d と B_0

合金化元素	M_d〔eV〕	B_0
Al	1.900	0.533
Si	1.900	0.589
Ti	2.271	1.098
V	1.543	1.141
Cr	1.142	1.278
Mn	0.957	1.001
Fe	0.858	0.857
Co	0.777	0.697
Ni	0.717	0.514
Cu	0.615	0.272

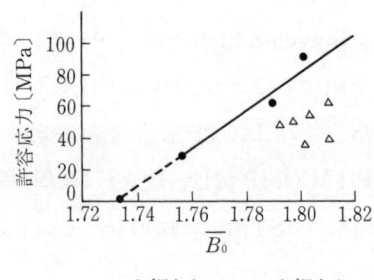

● δ 相なし　　△ δ 相あり

図 2.49　600 ℃ におけるフェライト系耐熱鋼の許容応力と $\overline{B_0}$ の関係

図 2.49 にフェライト系耐熱鋼における許容応力と $\overline{B_0}$ の関係を示す。δフェライト相がない場合，許容応力は $\overline{B_0}$ に伴って直線的に増大する。しかし，

2.14 材料設計

δ フェライト相が現れる合金の許容応力は δ フェライト相がない場合（実線）の下側にすべて分布する．図 2.50 に Fe-Ni-Cr 系合金における積層欠陥エネルギーと $\overline{M_d}$ の関係を示す．両者はよい相関にある．これらの図より，$\overline{B_0}$, $\overline{M_d}$ を使えば，合金の強度や強度に関連する因子を整理できることがわかる．したがって，$\overline{B_0}$, $\overline{M_d}$ をもとにして合金設計が可能である．

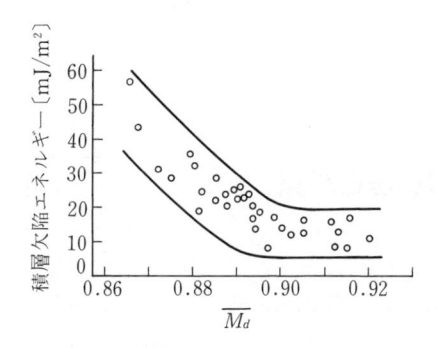

図 2.50 Fe-Ni-Cr 系合金における積層欠陥エネルギーと $\overline{M_d}$ の関係

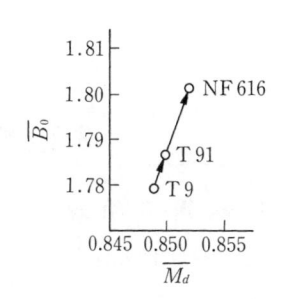

図 2.51 ボイラ用高 Cr フェライト耐熱鋼における $\overline{B_0}$ と $\overline{M_d}$ の関係

図 2.51 は，ボイラ用高 Cr フェライト耐熱鋼の組成から $\overline{B_0}$, $\overline{M_d}$ を求め，それらを $\overline{B_0}$-$\overline{M_d}$ 図に整理したものである．材料の開発は T 9（9 Cr-1 Mo）⟶ T 91（9 Cr-1 Mo に V, Nb を添加）⟶ NF 616（T 91 の Mo を減少，W を添加）の順に進んでいる．これは高 $\overline{B_0}$, 高 $\overline{M_d}$ になる方向に相当する．したがって，$\overline{B_0}$-$\overline{M_d}$ 図を使えば，優れた合金を容易に設計することができる．

このほか，Ni 基超耐熱合金，Al 合金，Mg 合金，Ti 合金，さらには Si_3N_4，酸化物ガラスなどの材料開発でも $\overline{B_0}$-$\overline{M_d}$ 図が利用され始めている．

演習問題

【2.30】 固体内電子に着目した合金設計にはどのような方法があるか．

3. 機械の材料

3.1 鉄鋼の製造法と組織

3.1.1 鉄鋼の精錬

Fe に限らず，ほとんどの金属は，自然界には酸化物，硫化物など化合物の形で存在している。それらの化合物は鉱石 (ore) と呼ばれる。地中から掘り出された鉱石を原料として，金属を製造する工程を精錬という。

鉄鉱石は酸化鉄を主成分とし，そのほか，Si，Mn，P，S などの元素を含んでいる。これから Fe を得るには，不要な O などの成分を除去しなければならない。そのため，鉄鉱石とともにコークス (C)，石灰石を，高炉（溶鉱炉）と呼ばれる大型の炉に入れ，熱風を吹き込んで 1 500 ℃ 以上で溶融する。高炉内では，コークスから発生した CO が還元剤として鉱石に作用し，鉱石から O を奪い取る。その他の元素は石灰石との化学反応によって除去される。このようにして Fe が得られるが，高炉から出てきたばかりの Fe は 3 % 以上の C を含んでおり，銑鉄 (pig iron) と呼ばれる。普通，鉄と呼ばれるのは，純鉄ではなく，C を 0.1〜1.7 % 程度含む鋼 (steel) である。銑鉄は鋼に比べると C 濃度が高すぎるから，この C 含有量を鋼の範囲まで減少させるため，平炉，転炉，電気炉などの炉によって 2 度目の精錬を行い，鋼を得る。このように，鋼は 2 回の精錬（2 段精錬）によって作られる。

精錬が終わったばかりの鋼は溶融状態であるから，これを鋳型に流し込み，冷却して鋼塊 (steel ingot) を作る。その後，圧延，線引などの加工を施し

て，板，棒，各種形鋼，線などの形状にする。ほとんどの鋼はこのようにして製品化されるが，溶鋼から直接鋳型に流し込みそのまま製品化される場合もあり，これを鋳鋼（cast steel）という。

3.1.2 鋼　　塊

　鋼塊を作る際，溶鋼を流し込んでそのまま放置すると，溶鋼中に気泡が発生し，これが対流によって鋼塊の縁を取り囲むように分布する。気泡の発生を抑制する脱酸作用が十分でないと，気泡は鋼塊中に図 3.1（a）のように取り残される。このように気泡を含んだ鋼塊をリムド鋼（rimmed steel）という。溶鋼中にフェロシリコン（Fe-Si）や Al などの強い脱酸剤を加えると気泡の発生が抑えられ，同図（b）のような気泡を含まない鋼塊ができる。これをキルド鋼（killed steel）という。ところが，キルド鋼塊は凝固の際の収縮が大きいので，鋼塊頭部に図（b）に示すような空洞（ひけ巣）ができやすい。その部分は切断して，健全な部分だけを製品化するので，キルド鋼は製品としての歩留りが悪く，高価となる。したがって，一般用の鋼材にはリムド鋼，高級鋼材には

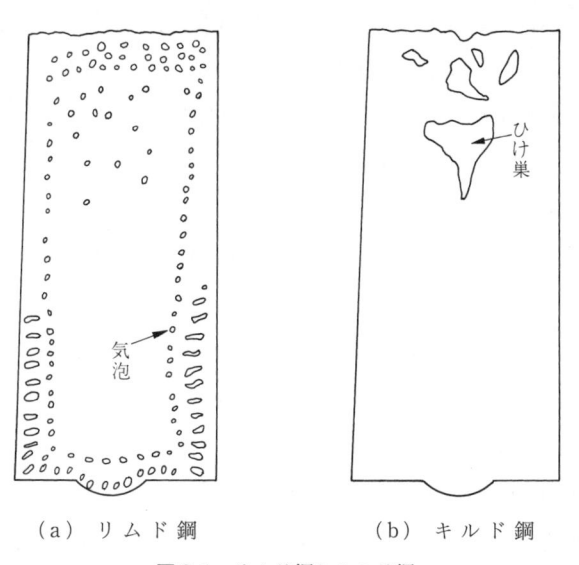

　　　　（a）リムド鋼　　　　　　　　（b）キルド鋼
図 3.1　リムド鋼とキルド鋼

キルド鋼が用いられる。脱酸の程度が両者の中間のものをセミキルド鋼 (semi-killed steel) という。

3.1.3 炭素鋼の組織

このようにして得られた鋼は，前述のように0.1〜1.7％程度のCを含んでいる。このCは，鋼のC濃度範囲では，地鉄中に固溶するか，またはFe$_3$C（セメンタイト）の形の化合物を形成する。したがって，鋼の平衡組織は，図2.5のFe-Fe$_3$C系平衡状態図で表される。すでに説明したように，室温における鋼の平衡組織は，基本的にはα鉄（フェライト）とセメンタイトの混合物であるパーライトである。しかし，組織が全面的にパーライトになるのは，全C量が共析点の0.8％にあたるときだけで，それ以外のC量のときには，パーライトとフェライト，またはパーライトとセメンタイトの混合状態となる。このことを，図2.5の状態図を使って説明しよう。いま，C0.5％を含む鋼を，オーステナイト温度（×印）から図中矢印の点線に沿って冷却したとする。この点線がA$_3$線と交わる点Qで，オーステナイトの一部はフェライトとなって析出する。これを初析フェライトという。フェライト中にはCはほとんど固溶しないから，温度が低下して析出フェライト量が増えるにつれ，残ったオーステナイト中のC濃度はA$_3$線に沿って高くなる。オーステナイト中のC濃度が共析点Sの濃度（0.8％）に達すると，次式で表される共析変態を起こし，オーステナイトはフェライトとセメンタイトに分解する。

$$\gamma（オーステナイト）\longrightarrow \alpha（フェライト）+ Fe_3C（セメンタイト）$$

オーステナイトの分解によって得られる組織は，パーライトである。この反応中は温度が停滞し，共析変態終了後再び温度が下がる。したがって，この例のように，全C量が共析点濃度（0.8％）より低い場合には，最終的に得られる組織は初析フェライトと共析パーライトの混合したものになる。このような鋼を亜共析鋼 (hypoeutectoid) という。一方，全C量が共析点濃度より高い場合には，組織は初析セメンタイトと共析パーライトの混合組織になることは状態図から容易にわかるであろう。これは過共析鋼 (hypereutectoid) と呼ば

れる．全C量が共析点濃度に等しいときには，組織はすべて共析パーライトとなる．全C量が共析点濃度から離れるほど，初析フェライトまたは初析セメンタイト量が多くなることも状態図からわかる．**図3.2**は，さまざまなC量の鋼の標準組織の顕微鏡写真である．初析相と共析相の割合が，C量によって変化することがよくわかる．

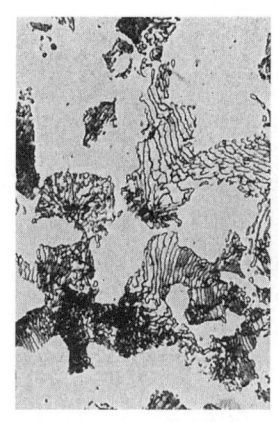

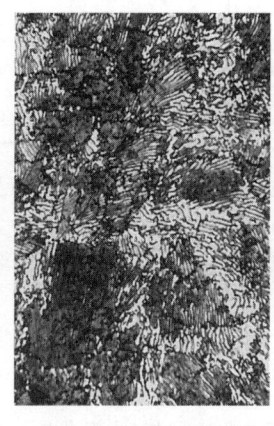

　（a）C 0.40 % 亜共析鋼　　（b）C 0.86 % 共析鋼　　（c）C 1.08 % 過共析鋼

図3.2　さまざまなC量の鋼の標準組織（×670）
〔佐藤知雄編：鉄鋼の顕微鏡写真と解説，丸善（1979）のp.25, 29, 31より〕

　セメンタイトはフェライトに比べて非常に硬くてもろい性質をもっているため，セメンタイトとフェライトの量比が変化すると，鋼全体の機械的性質も大きく変化する．C量が増えると相対的にセメンタイト量が増加するから，鋼はC量が多いほど硬くてもろくなる．

　図3.3は，C量によって機械的性質が変化する様子を示したもので，C量の増加とともに引張強さ，硬さは増加し，伸びは減少している．このような性質の変化に伴い，慣用的にC濃度の低い鋼を軟鋼（mild　steel），高い鋼を硬鋼（hard steel）などということもある．純鉄は，組織は全面フェライトであるが，強度が低いために実用材料として使われることはほとんどない．

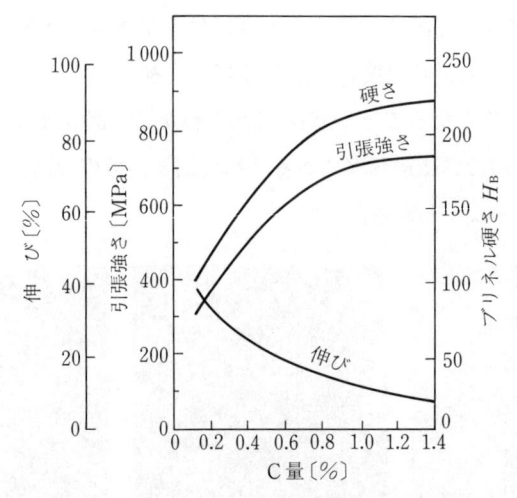

図 3.3　C量による炭素鋼の機械的性質の変化
　　　　（焼なまし状態）

演習問題

【3.1】 Cを1.2％含む鋼をオーステナイト温度からゆっくりと冷却する場合，室温における組織はどのようになるか。また，冷却中の組織変化を説明しなさい。

【3.2】 リムド鋼とキルド鋼の相違を説明しなさい。

3.2　炭素鋼の熱処理・塑性加工・用途

3.2.1　炭素鋼の熱処理

炭素鋼に対して，2.2節で述べたような各種の熱処理が行われる。目的および実際の熱処理法は以下のとおりである。

〔1〕　焼なましと焼ならし

焼なまし作業は目的に応じていくつか使い分けられるが，通常，焼なましといえば，完全焼なましのことをいう。完全焼なましは，鋼を A_3 点（亜共析鋼）または A_1 点（過共析鋼）より 30〜50 ℃ 高い温度に加熱し，その温度で保持したのち炉中または灰中で徐冷する。この操作により，組織の微細化，均

質化が行われる。このほか，冷間加工や機械加工，溶接などによる加工ひずみや残留応力を除去するだけの目的で行われるひずみ取り焼なましもある。この場合，加熱温度は，再結晶温度以上であれば，完全焼なましよりも低くてよい。通常は 500〜600 °C の温度が選ばれる。特殊な焼なましとして，鋼中のセメンタイトを球状化し，鋼に加工性や耐摩耗性を与える目的で，球状化焼なましを行うこともある。焼ならしは，鋼を A_3 点（亜共析鋼）または A_{cm} 点（過共析鋼，図 2.5 参照）より 40〜60 °C 高い温度に加熱，保持したのち空中放冷を行う作業で，目的は焼なましに準じる。

〔2〕 焼入れと焼戻し

鋼に焼入れ焼戻しを行う目的は，組織をマルテンサイトとトルースタイトにして鋼に必要な強度と靭性を与えることである。鋼を A_3 点（亜共析鋼）または A_1 点（過共析鋼）より 30〜50 °C 高い温度に加熱したのち急冷する。亜共析鋼では，A_3 点以下だとフェライトが一部残留して十分な硬さが得られないためである。また，過共析鋼では，A_{cm} 点以上にすると常温において一部オーステナイトが未変態のまま残留するので，かえって焼入れ効果は悪くなる。

焼入れののち，焼戻しを行う。焼戻し温度は鋼の目的，用途に応じて異なり，工具鋼などのように硬さや耐摩耗性を重視する場合は 200 °C 程度の低温焼戻しを，機械構造用鋼のように強さとともに靭性をも要求する場合は 500〜700 °C で高温焼戻しを行う。このほか，ばね材，線材などに対してはベイナイトを得るための恒温変態処理を，特に耐摩耗性の必要な，歯車，カムなどに対しては表面効果処理を行うこともある（2.10 節，2.12 節参照）。

〔3〕 鋼の焼入れ性

鋼は非常に種類が多く，これまで述べてきた炭素鋼のほかに各種元素を添加した合金鋼まで含めると，数百種類に上る。同じ鋼でも，C 量や合金元素の種類，量によって焼入れによる硬化の程度は大きく異なる。そこで，焼きの入りやすさ（焼入れ性，hardenability）を測定し表現する方法が必要となる。これは，焼入れに必要な最低の冷却速度で表現することができる。**図 3.4** は，オーステナイト温度から，さまざまな冷却速度で冷却したときに得られる常温組

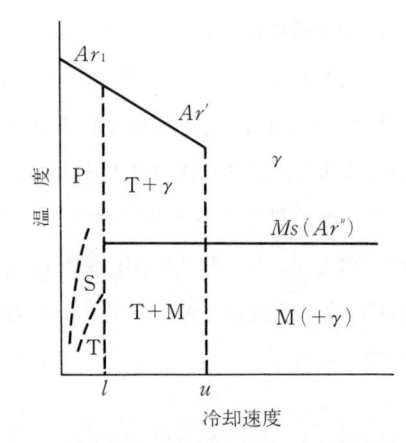

図 3.4 炭素鋼をさまざまな冷却速度でオーステナイト温度から冷却するときに得られる組織

織を示している。速度 l 以下ではマルテンサイトは全く得られず，組織はすべてパーライト，ソルバイト (sorbite)，トルースタイトなどの共析組織となる。この三つはいずれもフェライトとセメンタイトの混合組織であるが，この順に組織が細かくなる。速度 l 以上 u 以下では，共析組織の中にマルテンサイトが混在するようになる。速度 u 以上では，組織の中に共析組織は全く見られなくなり，マルテンサイトまたは残留オーステナイトのみとなる。すなわち，速度 l はマルテンサイトが現れる最低速度，u は共析組織が現れる最高速度である。l，u をそれぞれ下部・上部臨界冷却速度 (critical cooling rate) という。単に臨界冷却速度というと，上部臨界冷却速度のことを指す。臨界冷却速度が小さいほど焼きが入りやすい。しかし，冷却速度を実際に測定することは非常に難しい。

そこで，実用的にはもっと簡便な方法を用いて焼入れ性を表現している。その方法の一つにジョミニ試験 (Jominy test) がある。図 3.5 に示すように，加熱された丸棒試験片の一端に冷水を吹き付けて冷却し，焼入れを行う。焼入れ端からの距離に対する硬さの変化を図に表すと図 3.6 のようになる。この図のような曲線をジョミニ曲線という。例えば，2 種類の鋼に対して，それぞれ a，b のような曲線が得られたとすると，a の方が深くまで焼きが入っており，

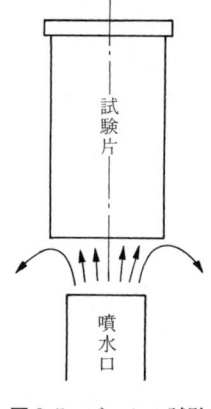

3.2 炭素鋼の熱処理・塑性加工・用途　　131

図 3.5　ジョミニ試験

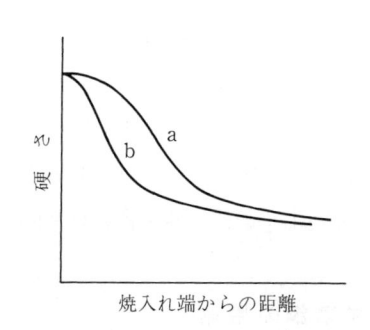

図 3.6　ジョミニ試験による焼入れ端からの硬さの変化（ジョミニ曲線）

焼入れ性ははるかに高いことになる。

3.2.2　炭素鋼の塑性加工

　鋼の塑性加工の目的は，第一に所定の形状寸法の製品を作ることにあるが，それだけではない。鋳造されたままの鋼塊には粗大な鋳造組織が含まれ，偏析，気泡などの欠陥も残留している。これに高い加工応力を加えて組織を微細化し，偏析を均一化し，気泡を圧着することなども，塑性加工の大きな目的である。塑性加工にはさまざまな加工法があるが，表 3.1 のように，1 次加工と 2 次加工に大別することができる。1 次加工は特に変形量が大きく，板，棒，

表 3.1　塑性加工法の分類

塑性加工	1 次加工	鍛　造………ブロック 圧　延………板，棒，管 押出し………棒，管，形材 引抜き………棒，線，管
	2 次加工	冷間鍛造………機械要素 転　造………ねじ，歯車 プレス加工 せん断加工 曲　げ　　…機械部品，外装用品 絞　り その他

線, 形材など2次加工に入る前段階で, 製品の大まかな形状を作るものである。2次加工は, 機械部品など, より最終形状に近い製品を得るための加工である。また, 塑性加工には, 2.1節で述べたように熱間加工と冷間加工があり, 鋼の加工においても両方が行われる。変形量の大きい圧延や鍛造の多くは熱間加工で行われるが, 加工による強度増加はあまり期待できず, 加工後の熱収縮のために加工精度もよくない。高い加工精度や表面の平滑さが求められる場合や, 加工硬化を期待する場合には冷間加工が用いられる。

3.2.3 炭素鋼の用途

炭素鋼は合金鋼に比べて安価で, 種類も多いので, 極めて幅広い用途がある。C量が高くなるほど硬く強くなり, 焼入れ性も高くなるので, 高炭素鋼は工具鋼, ばね鋼, 線材などに, 低炭素鋼は構造材として用いられる。**表3.2**に, 炭素鋼の大まかな分類と用途を掲げる。

表3.2 炭素鋼の分類と用途

名　称	JIS記号	C〔%〕	用　途　例
一般構造用圧延鋼材	SS-	<0.45	建築用, 土木用, 一般用
機械構造用圧延鋼材	S-C	<0.60	機械部品
	S-CK	<0.23	浸炭用
炭素工具鋼	SK	0.60～1.50	工具, 治具, 機械部品
ばね鋼	SUP-	0.55～1.10	ばね
溶接構造用圧延鋼材	SM-	<0.25	船, 橋, 道路
ボイラ用圧延鋼材	SB-	<0.33	ボイラ
リベット用圧延鋼材	SV-	<0.25	リベット
レール		0.40～0.75	
鋼管	ST- SG-	<0.55	ガス配管, 圧力配管, ボイラ用, 機械構造用
熱間圧延薄鋼板	SPN-	<0.12	帯鋼, ブリキ板, トタン板
冷間圧延鋼板	SPC-	<0.12	自動車, プレス
磨き特殊帯鋼		0.60～1.50	工具, 刃物
鉄線	SWM-	<0.25	釘, 釘金, ピン
軟鋼線材	SWRM-	<0.25	
硬鋼線材	SWRH-	0.25～0.85	ばね
ピアノ線材	SWRS-	0.60～0.95	ばね, オイルテンパ線
炭素鋼鋳鋼品	SC-	<0.45	

演習問題

【3.3】 鋼の焼入れ性を定量的に表現する方法を述べなさい。
【3.4】 鋼の焼なまし処理の目的は何か。

3.3 合金元素の影響

炭素鋼にさまざまな合金元素を加えたものを合金鋼 (alloy steel) または特殊鋼 (special steel) という。加えられる合金元素の種類も量もさまざまなものがあり，合金鋼の種類は数百にも及ぶ。ときには，数種類の元素を加えることもある。ここでは，それらの多様な合金元素の影響を，いくつかの観点から分類してみよう。

3.3.1 状態図（組織）に与える影響

炭素鋼の組織は，図 2.5 の Fe-Fe$_3$C 系状態図に示されるとおりである。これに第三の元素 M を加えると，その組織は，本来は Fe-C-M 三元系状態図で表される。しかし，三元系状態図は立体図となって非常に複雑になるので，合金元素の影響を考えるときは，通常 Fe-M 系二元状態図を用いる。その一例が**図 3.7** の Fe-Cr 系状態図である。Fe に Cr を加えるとオーステナイト (γ) の現れる温度範囲がしだいに狭くなり，Cr 13 % 以上では，オーステナイト領域が消滅する。すなわち，どの温度でも組織は全面的にフェライトとなる。

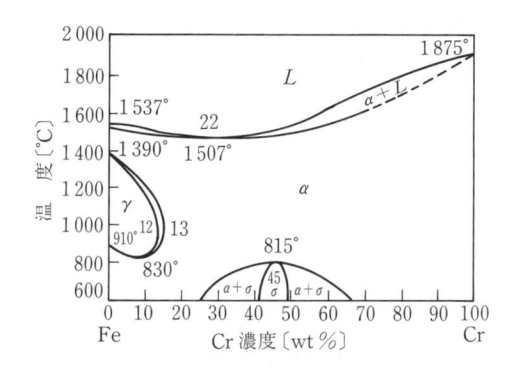

図 3.7 Fe-Cr 系平衡状態図

Crのように，フェライト領域を広げる傾向にある元素をフェライト化（α化）元素といい，Crのほかに，W, Mo, V, Al, Siなどがある。

これとは反対に，オーステナイト領域を拡大する働きをもつ元素もある。図3.8に，代表例としてFe-Ni系状態図を示す。Niを多量に加えられた鋼は，室温でもオーステナイト組織になる。後述のステンレス鋼がそのよい例である。Niのような作用をもつ元素をオーステナイト化（γ化）元素といい，Ni以外に，Mn, Coなどがある。Cもまた，オーステナイト化元素である。これ以外に，Feの組織には何の影響も与えない元素（B, P, Sなど）もあるが，これらは合金元素として重要ではない。

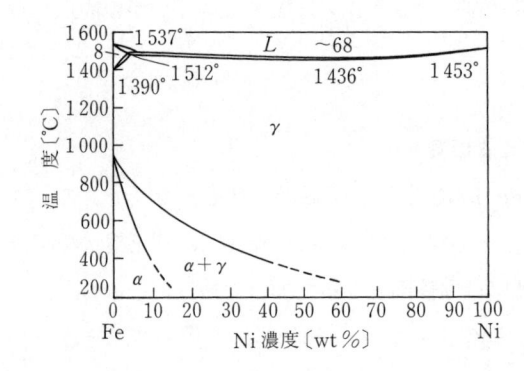

図3.8 Fe-Ni系平衡状態図

3.3.2 焼入れ性に与える影響

図3.9は，上部臨界冷却速度に与える添加元素の影響を示したものである。図中のQ点は，0.3％C炭素鋼の臨界冷却速度を示している。Q点から左上に向かって上昇する曲線を描く元素は，添加することによって臨界冷却速度が低くなり，焼入れ性が高くなる。Co, Zr, Tiなどは，添加量が多すぎると焼入れ性が低下するが，それ以外の元素は，添加することにより焼入れ性が高くなることがわかる。特に，Cr, Mo, Mn, Al, Niなどに著しい効果が見られる。

このように，ほとんどすべての元素は鋼の焼入れ性を高める効果があり，ときには空中放冷程度でも全面的にマルテンサイトが得られることもある。この

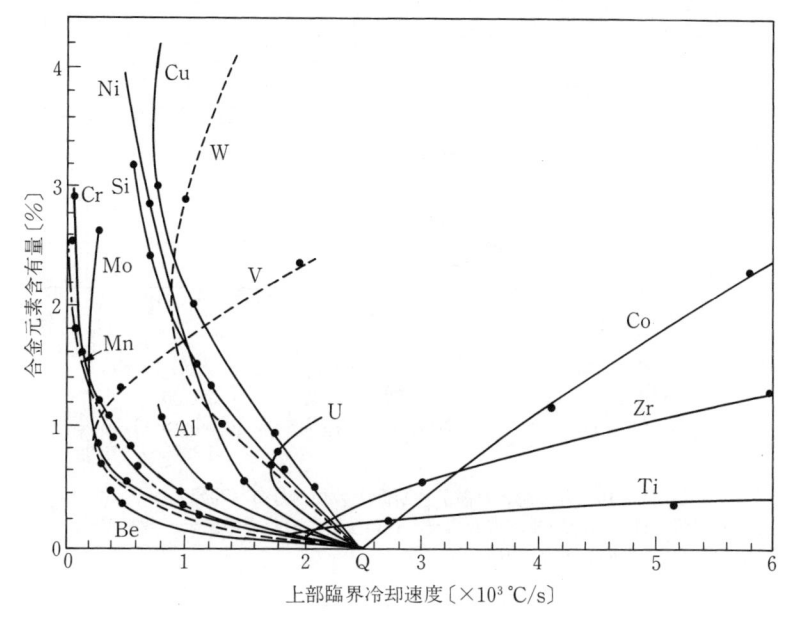

図3.9 上部臨界冷却速度に及ぼす各種元素の影響〔俵による〕

ような鋼を自硬鋼という。

さらに，ある種の合金元素では，1種類だけよりも，2～3種類複合して添加する方がはるかに焼入れ性が高まることがある。例えば，**図3.10**は，さまざまな太さの丸棒試験片に焼入れを行ったときの，断面上の硬さ分布を示したものであるが，Ni鋼，Cr鋼に比べてNi-Cr鋼では中心部まで完全に焼入れ硬化している。Ni，Crは，それぞれ単独に添加してもある程度焼入れ性は高まるが，同時に加えることによる複合効果が非常に大きいことがわかる。構造用鋼としてNi-Cr鋼が重要視される理由はここにある。

合金元素は，焼入れ性を高めるばかりでなく，焼入れ後の焼戻しによる軟化に抵抗性を与える。極端な場合には，500～650℃の焼戻しで，かえってそれ以下の温度で焼き戻すよりも硬くなる場合がある。**図3.11**はそのよい例で，Cr，Moなどに著しい効果が見られる。この現象を焼戻しの2次硬化という。このような2次硬化は，

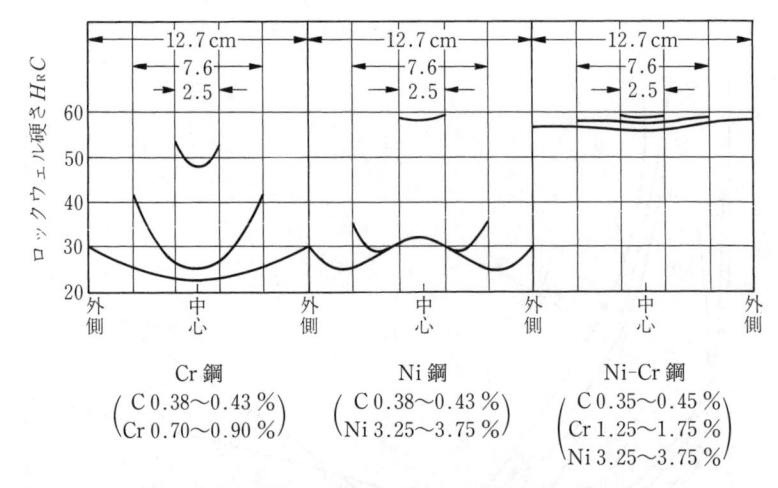

図 3.10 丸棒焼入れ試験片断面上の硬さ分布（油焼入れ）
〔矢島悦次郎，市川理衞，古沢浩一：若い技術者のための機械・金属材料，丸善 (1979) の p.179 より〕

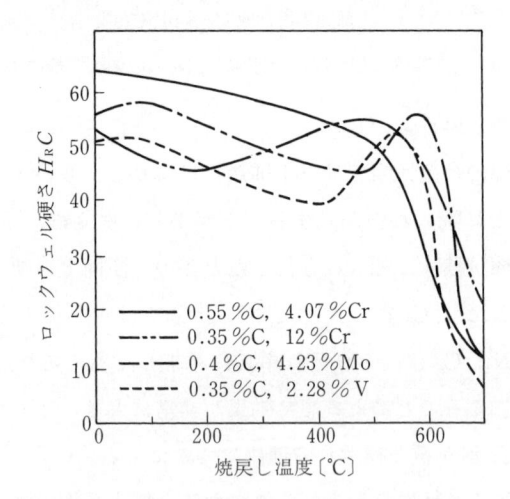

図 3.11 合金元素添加による焼戻し 2 次硬化
〔矢島悦次郎，市川理衞，古沢浩一：若い技術者のための機械・金属材料，丸善 (1979) の p.175 より〕

① 焼入れ時の残留オーステナイトが焼戻しによってマルテンサイト化する

② 焼戻しによって微細な炭化物が析出する

という二つの原因によると考えられている。

3.3.3 炭化物形成に与える影響

ある種の合金元素 M は，鋼中で M_xC_y の形の炭化物を形成する．ときには，$Fe_xM_yC_z$ という形の複炭化物を形成することもある．このような炭化物は一つの元素に対して複数個形成されることもあるが，すべて非常に硬くてもろい．したがって，炭化物ができるかどうかは合金鋼の硬さ，強さに大きく影響する．C との親和力が大きい順に代表的な合金元素を並べると

$$V > W > Mo > Cr > Mn > Fe > Cu,\ Si,\ Al,\ Co,\ Ni$$

となり，Fe よりも親和力の大きい W，Mo，Cr などは炭化物を形成するが，Ni などは炭化物を作らない．

3.3.4 鋼の機械的性質に与える影響

C 量が同じならば，焼入れ焼戻しされた合金鋼は，焼入れ性が向上する分だけ炭素鋼よりも強度は高くなる．さらに，焼戻し抵抗性を示す元素が添加された場合は，高温強度も高くなる．この性質は，工具鋼など，温度上昇を伴う用途において，合金鋼が優れた特性を発揮することを示している．また，工具鋼は一般に高硬度が要求されるが，硬さを与えるのは，焼入れとともに炭化物の形成である．したがって，合金工具鋼には，V，W，Mo，Cr などが多く含まれる．一方，硬さよりも靭性が要求されるような構造用鋼などには，Ni や Mn の添加が有効である．中でも Ni はそれ自身非常に靭性に富み，もろい炭化物を作らないので鋼に靭性を与える．Ni と Cr が合金鋼の代表的な添加元素とされるのは，互いの対照的な影響によるものである．

演習問題

【3.5】 合金鋼に与える Ni と Cr の影響を，いくつかの面から比較しなさい．

【3.6】 ほとんどすべての合金元素が，鋼の焼入れ性を向上させる理由を考えてみなさい．

3.4 合金鋼の種類と用途

3.4.1 低合金鋼

　低合金鋼（low alloy steel）の大部分は構造用鋼である。表3.2に見られるように炭素鋼にも構造用鋼があるが，それよりも焼入れ性，硬度，強度，靱性，焼戻し抵抗性などさまざまな点で優れている。一般的構造用鋼として今日最も優れた特性をもち，多く使用されているのは，Ni-Cr鋼またはNi-Cr-Mo鋼である。Niは鋼の焼入れ性，靱性，耐食性を与え，Crは焼入れ性，焼戻し抵抗性，硬度，耐摩耗性を与える。また，NiとCrを同時に添加することにより，飛躍的に焼入れ硬化能が高まることはすでに述べたとおりである。Moは，焼入れ性をさらに高め，焼戻し脆性を防止する効果がある。これらの元素の添加により，引張強さは同じC量の炭素鋼より30～40％も高くなり，最大では1 000 MPa（約100 kgf/mm^2）以上にも達する。このような，特に引張強さを高くした鋼を高張力鋼（high tension steel）という。表3.3に高張力鋼の機械的特性を示す。このほか，一般構造用鋼よりもC量を増し，Siを1～2％加えたばね鋼（spring steel），C，Cr量を増やして耐摩耗性を高めた

表3.3 高張力鋼の組成と機械的特性

鋼種	化学成分〔％〕									機械的特性		
	C	Si	Mn	Cu	Ni	Cr	Mo	V	B	引張強さ〔MPa〕(kgf/mm^2)	耐力〔MPa〕(kgf/mm^2)	伸び〔％〕
HT50	≤0.18	0.25〜0.45	0.90〜1.30	—	—	—	—	—	—	490〜570 (50〜58)	>320 (>33)	>20
HT60	≤0.16	≤0.55	≤1.30	—	≤0.60	≤0.40	—	≤0.15	—	590〜690 (60〜70)	>450 (>46)	>16
HT80	<0.18	0.15〜0.35	0.60〜1.20	0.15〜0.50	0.70〜1.00	0.40〜0.80	0.40〜0.60	0.03〜0.10	0.002〜0.006	780〜930 (80〜95)	>690 (>70)	>18
HT100	≤0.18	0.15〜0.35	0.60〜1.20	0.15〜0.50	≤1.50	0.40〜0.80	≤0.60	≤0.10	—	950〜1 130 (97〜115)	>880 (>90)	>16

　すべて　P<0.035％，S<0.040％

軸受鋼（bearing steel），浸炭および窒化処理用の肌焼き鋼（case hardening steel）などがある。特殊なものとしては，通常は有害な赤熱脆性（red shortness）の原因となるため，含有量を極力低く抑えるべき元素といわれているS，Pbを，0.1〜0.3％程度わざわざ加えて，鋼に快削性を与えた快削鋼（free cutting steel）がある。

3.4.2 高 合 金 鋼
〔1〕 工 具 鋼

工具鋼（tool steel）とは，ドリル，バイトなどの切削工具，たがね，ポンチなどの耐衝撃用工具，熱間押出し，鍛造，熱間金型など高温で用いられる工具等に適用される鋼の総称である。いずれも，構造用鋼に比べて高硬度が要求され，耐衝撃工具では高靭性も要求される。合金工具鋼は，炭素工具鋼に比べて，硬度，靭性，焼入れ性などが優れているため，今日，工具鋼としてはほとんど合金工具鋼が使われている。

鋼に硬度を与える元素としては，Cのほか，Cr，Mo，W，Vなどが挙げられる。これらはいずれも鋼中で非常に硬い炭化物を形成し硬度を高める以外に，焼戻し抵抗性をも与える。合金工具鋼には，これらの元素を高率に，しかも多くの場合，数種類複合して加えている。

高速度切削用工具鋼として有名な高速度鋼（high-speed steel）は，上記のCr，Mo，W，VさらにCoを，数％からときには10％以上も加えることにより，切削性を飛躍的に高めた工具鋼である。また，この鋼は非常に高い高温硬度を保つことが特徴である。そのため，過酷な切削条件にも耐えることができる。表3.4に，高速度鋼の化学成分および用途を示す。

最近では，さらに工具材料が進歩し，鋼というよりむしろ，W，Ti，Taなどの炭化物を主体とした超硬合金，各種セラミックス系焼結材料，ダイヤモンドなど超高硬度材料が使用されるようになってきている。

〔2〕 ステンレス鋼

ステンレス鋼（stainless steel）は，本来腐食に弱い鉄鋼に高い耐食性を与

表 3.4 高速度鋼の化学成分と用途 (JIS G 4403 より抜粋)

分類	記号	化学成分〔%〕						用途例
		C	Cr	Mo	W	V	Co	
タングステン系	SKH2	0.73〜0.85	3.8〜4.5	—	17〜19	0.8〜1.2	—	一般切削用
	SKH3	〃	〃	—	〃	〃	4.5〜5.5	高速重切削用
	SKH4	〃	〃	—	〃	1.0〜1.5	9〜11	難削材切削用
	SKH10	1.45〜1.6	〃	—	11.5〜13.5	4.2〜5.2	4.2〜5.2	高難削材切削用
モリブデン系	SKH51	0.8〜0.9	3.8〜4.5	4.5〜5.5	5.5〜6.7	1.6〜2.2	—	靱性を必要とする一般切削用
	SKH52	1.0〜1.1	〃	4.8〜6.2	〃	2.3〜2.8	—	比較的靱性を必要とする高硬度材切削用
	SKH55	0.85〜0.95	〃	4.6〜5.3	5.7〜6.7	1.7〜2.2	4.5〜5.5	比較的靱性を必要とする高速重切削用

すべて Si<0.40%, Mn<0.40%, P<0.03%, S<0.030%

える目的で開発された鋼である。常温組織がフェライトとセメンタイトの混合組織であるパーライトからなる鋼に耐食性を与えるには，フェライトやオーステナイト，マルテンサイトなどの均一組織にすればよいことは，2.13節で見たとおりである。そのためには，Fe に Ni，Cr を高率に与えればよい（3.3節参照）。ただし，鋼にはもともとオーステナイト化元素の C が含まれているから，その影響も考慮しなければならない。そのため，フェライト組織のステンレス鋼は，C 量は 0.12％ 以下と低く抑えるようにしている。これをフェライト系ステンレスという。C 量をこれより高くしたものは，熱処理によって組織をマルテンサイトとする。これがマルテンサイト系ステンレスで，刃物，医療器具，ダイスなど，フェライト系よりも高硬度，耐摩耗性を要求される用途に適している。ただし，これらは，耐食性の点では次に述べるオーステナイト系ステンレスに及ばない。

　均一オーステナイト組織のステンレスを得るためには，多量の Ni を加えればよいが，Ni は高価な金属であり，その消費量をなるべく低く抑えるために，Ni と Cr を同時に添加する。図 3.12 に，Ni，Cr の添加による Fe の常温にお

3.4 合金鋼の種類と用途

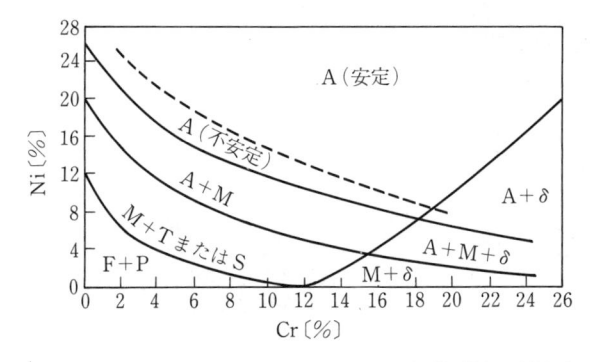

A：オーステナイト
M：マルテンサイト
S：ソルバイト
T：トルースタイト
F：フェライト
P：パーライト
δ：初晶フェライト

図 3.12 Fe-Ni-Cr 系組織図（室温）

ける組織変化を示す．この図から，組織を安定な均一オーステナイトとし，Ni の消費量を最も低く抑えるには，低 C に Cr 18 %，Ni 8 % とすればよいことがわかる．これがオーステナイト系 18-8 ステンレス鋼で，今日最も広く使用されている．この鋼は加工性に富み，引張強さも 500 MPa に達する．このほか，Cu，Al などを 1〜2 % 加え，時効処理によって析出強化 (precipitation hardening) した強力ステンレス鋼（PH 鋼）がある．

3.4.3 磁 性 材 料

Fe は強磁性体であるから，その特性を生かして，重要な磁性材料として使用され，永久磁石，高透磁率合金などに用いられる．

永久磁石としては，いったん磁化された材料は，外部磁界を除去しても高い磁化を維持することが必要である．また，逆方向の磁界が作用しても容易に消磁されないことが大切で，そのためには磁界 H と磁化 B の関係を示す H-B 曲線が角形であることが望ましい．**図 3.13** に，代表的永久磁石合金の H-B 曲線（第 2 象限のみ）を示す．いずれも，角形ヒステリシスに近い形になっている．これらは，Fe に Ni，Co，Al，Cu，Ti などを加え，適当な熱処理を行って作られる．

一方，高透磁率合金は，モータや変圧器，通信用変成器，リレー磁気ヘッドなどに使用される．現在，この方面に最も広く用いられるのは，Fe-Si 系のケ

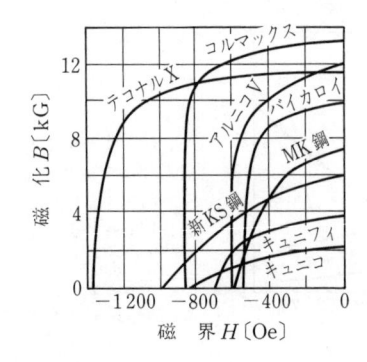

図 3.13 析出型磁石の磁化曲線(第 2 象限)
〔矢島悦次郎,市川理衛,古沢浩一：若い技術者のための機械・金属材料,丸善 (1979) の p.213 より〕

イ素鋼板である。そのほか，Ni を多量に含むパーマロイ（Permalloy）などがある。

演習問題

【3.7】 構造用合金鋼に添加される元素のうち最も重要なものを二つ挙げ，それぞれの主な働きを述べなさい。

【3.8】 ステンレス鋼が炭素鋼に比べて耐食性のよい理由を説明しなさい。

【3.9】 工具鋼として要求される特性は何か，その特性を得るために，どのような元素が添加されるか。

3.5 鋳 鉄

3.5.1 鋳鉄の組織

C を 2.0〜4.5％含む Fe を鋳鉄（cast iron）という。鋳鉄は，鋼に比べると，C 量ばかりではなく，組織や性質に大きな違いがある。図 2.5 の状態図において，オーステナイト領域の C 固溶量は最大で約 2％であるから，鋳鉄の C 量の範囲では，いかに温度を上げようとも，すべての C を固溶しきれない。そこで，固溶されない余分の C は，セメンタイトまたは単独の C（遊離炭素，free carbon）として存在することになる。鋳鉄の C 量の範囲では，どちらも同じ程度に安定であるため，現実に両方の形で組織内に現れる。鋳鉄中に存在する遊離炭素は黒鉛（graphite）と呼ばれ，鋼中には見られなかったものであ

る。黒鉛は，軟らかくしかももろい性質をもっている。さらに，鋼と同じように，オーステナイト中に固溶されているCは，温度低下とともに共析変態を起こす。したがって，室温における鋳鉄は，黒鉛，セメンタイト，パーライトまたはフェライトの混合した複雑な組織となる。**図3.14**に，代表的な鋳鉄の組織を示す。黒くて湾曲した部分が黒鉛である。3次元的には黒鉛は花びらのような形をしているが，断面上では湾曲した細長い形状に見える。これを片状黒鉛という。黒鉛を取り囲む地鉄の部分は，パーライトかフェライトである。図3.14ではパーライトとなっている。

(×250)

図3.14 代表的な鋳鉄の組織（FC 25）
〔佐藤知雄編：鉄鋼の顕微鏡写真と解説，丸善（1979）のp.231より〕

　鋳鉄中のCが黒鉛となるかセメンタイトとなるかは，鋳鉄を製造するときの冷却速度，他の元素の含有量などによって変わる。鋳鉄は，その名称からもわかるように，鋳造法に適しており，製品は，溶湯を鋳型に流し込み，冷却，凝固することによって作られる。その際，ゆっくりと冷却すると黒鉛が晶出しやすい。しかし，冷却速度が高いとセメンタイトができやすい。さらにこれは，CおよびSiの量によっても変わり，C＋Si量が多いほど黒鉛が出やすい。

　鋳鉄中の黒鉛が多いほど，表面は黒っぽく見える。これは灰色鋳鉄とかねずみ鋳鉄（gray pig iron）または灰銑と呼ばれる。逆にセメンタイトが多いと白っぽく見え，セメンタイトの多い鋳鉄を白鋳鉄（white pig iron）または白銑という。両者の中間をまだら鋳鉄（mottled pig iron）という。**図3.15**は，

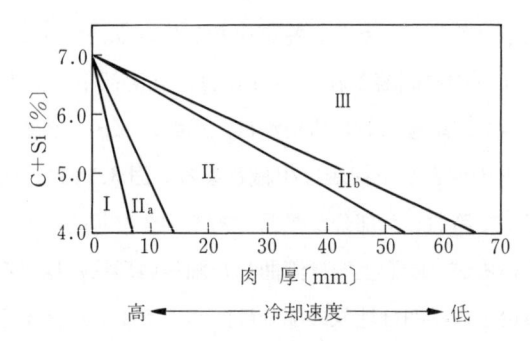

```
     Ⅰ：白鋳鉄    Ⅱₐ：まだら鋳鉄
     Ⅱ：パーライト＋黒鉛           ⎫
     Ⅱᵦ：パーライト＋フェライト＋黒鉛  ⎬ ねずみ鋳鉄
     Ⅲ：フェライト＋黒鉛           ⎭
```

図 3.15 鋳鉄の組織図〔Greiner-Klingenstein による〕

C＋Si 量および冷却速度が鋳鉄の組織に与える影響を示したもので，グライナー-クリンゲンシュタイン（Greiner-Klingenstein）の組織図と呼ばれている。図の横軸は肉厚となっているが，肉厚が大きいほど冷却速度が低くなると考えてよい。C＋Si 量が非常に多い場合や，肉厚が大きい場合には，地鉄の組織内のセメンタイトまでが分解されて黒鉛となるので，その組織はパーライトからフェライトに変わっている。黒鉛-セメンタイト存在量に及ぼす Si の影響は，通常 C 量の 1/3 程度といわれている。そこで，全 C 量＋(1/3)Si 量を炭素当量（carbon equivalent）と呼んでいる。

Si 以外の元素も，黒鉛-セメンタイト存在量に影響を与える。Si とは逆の作用を与える代表的な元素は Mn で，これが多いほど白銑化しやすい。

3.5.2 鋳鉄の性質

図 3.16 に，鋳鉄の引張強さに及ぼす炭素当量の影響を示す。炭素当量が大きくなるにつれて強度は低下し，4.3％程度で 200 MPa となる。これは，中炭素鋼の強度の半分以下である。このように，鋳鉄は引張強さが鋼に比べて非常に低いという弱点をもっている。これは，鋳鉄中に引張強さにほとんど寄与しない黒鉛が存在し，しかもその形態が片状であるという理由による。これに

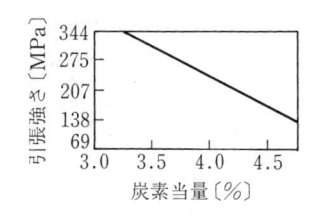

図 3.16　鋳鉄の引張強さに及ぼす炭素当量の影響（試験片の直径 30.5 mm）

対し，黒鉛の存在が有利に作用する場合もある。鋳鉄は，引張りには弱いが圧縮には強く，しかも耐摩耗性が優れている。これは，摩耗に伴い鋳鉄中から遊離する黒鉛が潤滑剤の働きをするためである。このような性質を生かし，鋳鉄は工作機械のベッドなどに使われる。さらに，鋳鉄は振動吸収性がよく，これも黒鉛の存在に負うところが大きい。

3.5.3　鋳鉄の強靱化

鋳鉄の強度を少しでも高めるためには，黒鉛の分布形態にも注意しなければならない。図 3.17 に，いくつかの黒鉛の分布形態を示す。この中では，(a)の分布が最も均一である。それに比べて，(b)や(c)は黒鉛の大きさや分布が不均一である。また(d)や(e)は，分布に方向性が見られる。強度を高くするには，(a)のような細かい均一無方向性分布とし，しかも地鉄の組織をパーライトとするのがよい。このような組織を菊目組織という。菊目組織として，300 MPa 以上の引張強さをもたせたものを強靱鋳鉄という。

鋳鉄が鋼より引張りに弱いのは，黒鉛の形態が片状だからである。片状黒鉛の鋭い縁が応力集中を引き起こし強度を下げるので，このような縁をもたない形態にすればよい。そのような目的で開発されたのが，図 3.18 に示す球状黒鉛鋳鉄（nodular graphite cast iron, spheroidal graphite cast iron）および可鍛鋳鉄（malleable cast iron）である。(a)が球状黒鉛鋳鉄で，黒鉛の形態は球状である。(b)は可鍛鋳鉄で，黒鉛の形態は塊状である。

球状黒鉛鋳鉄は，低 S，低 P の溶湯中に，Ce または Mg を添加することによって作られる。これに対し可鍛鋳鉄は，いったん白鋳鉄を作っておき，その後，鋳鉄中のセメンタイトを熱処理により分解して塊状黒鉛とするものであ

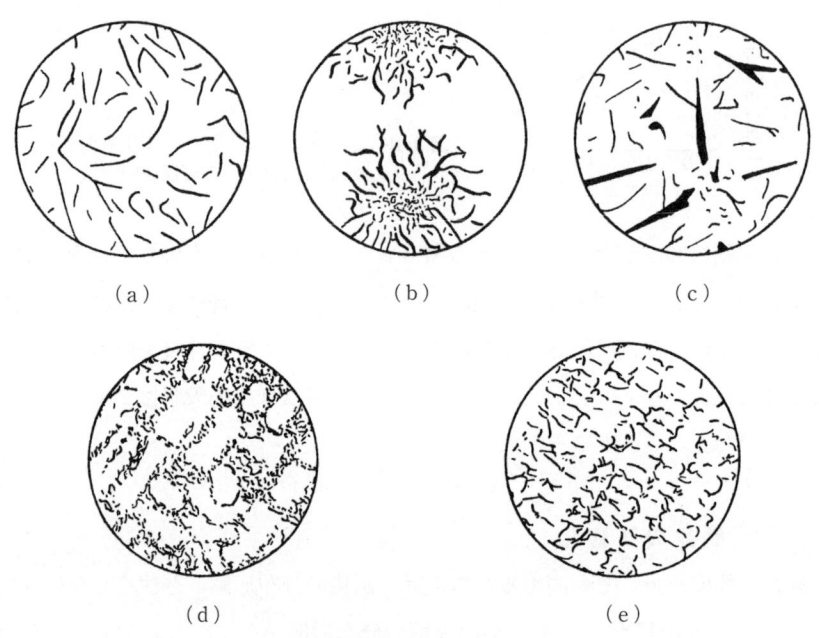

図3.17 鋳鉄中の黒鉛の分布形態
〔矢島悦次郎,市川理衛,古沢浩一:若い技術者のための機械・金属材料,丸善(1979)のp.230より〕

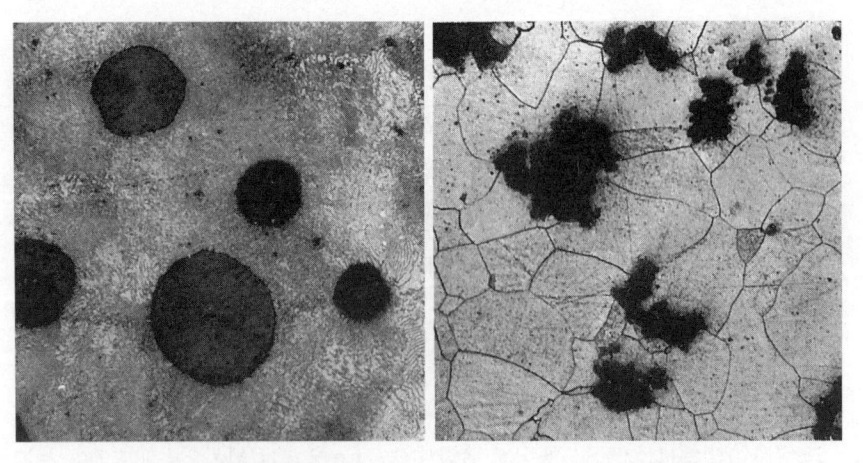

(a) 球状黒鉛鋳鉄   (b) 可鍛鋳鉄

図3.18 球状黒鉛鋳鉄および可鍛鋳鉄の組織(×250)
〔佐藤知雄編:鉄鋼の顕微鏡写真と解説,丸善(1979)のp.259,253より〕

る．熱処理法の違いにより，黒心可鍛鋳鉄と白心可鍛鋳鉄がある．可鍛鋳鉄の製造の際，はじめは必ず白鋳鉄としなければならない．いったん片状黒鉛ができてしまうと，後からその形態を変えることはできないからである．このようにして得られる塊状黒鉛をテンパカーボン（temper carbon）という．これらの処理により，引張強さが 300 MPa（30 kgf/mm²）以上，最も強いものでは，700 MPa（70 kgf/mm²）にも達する鋳鉄が得られる．これは，十分鋼の強度に匹敵する．

演 習 問 題

【3.10】 鋳鉄が鋼に比べて優れている点，劣っている点を挙げ，その原因を組織の点から説明しなさい．

【3.11】 鋳鉄中の黒鉛を片状以外の形態にして強靭化する方法を述べなさい．

【3.12】 鋳鉄を白銑化するにはどうすればよいか．

3.6 アルミニウム合金（1）

3.6.1 アルミニウムおよびその合金の特徴

比重が 4 あるいは 5 以下の金属を軽金属といい，代表的なものに Al 合金，Ti 合金あるいは Mg 合金などが挙げられる．Al 合金は以下で述べる優れた性質を有し，取扱いが比較的容易であることから，生産量が多く，工業的にも重要な金属材料の一つである．Al は $Al_2O_3 \cdot 3H_2O$ および $Al_2O_3 \cdot H_2O$ を主成分とするボーキサイトから得られる Al_2O_3 を電解して製造される．製造の際に多量の電力を必要とすることから，国内で消費される新地金（約 230 万トン：1999 年度実績）の 99 % を，電力が安価なブラジル，旧ソ連，オーストラリアなどから輸入している．精錬の際の不純物としては，Si，Fe および Cu などが挙げられ，不純物の含有量により電気的・化学的・機械的性質が異なる．

純 Al および後述する純 Cu の各種物性値を，純 Fe と比較して**表 3.5** にまとめて示す．以下に，Al の特長を簡単に述べる．

表 3.5 純 Al,純 Cu および純 Fe の物理的性質

	純 Al	純 Cu	純 Fe
原子番号	13	29	26
原子量	26.981 5	63.546	55.847
格子定数〔nm〕	0.404 96 (面心立方格子)	0.361 47 (面心立方格子)	0.286 64 (体心立方格子)
密度〔Mg/m^3〕	2.698 4	8.93	7.87
融点〔K〕	933.3	1 356.6	1 809.2
沸点〔K〕	2 793.2	2 833.2	3 133.2
比熱〔J/(kg·K)〕	917	386	456
線膨張係数〔10^{-6} K^{-1}〕	23.5	17.0	12.1
熱伝導度〔W/(m·K)〕	238	397	78.2
比抵抗〔nΩ·m〕	26.7	16.94	101.0
縦弾性係数〔GPa〕	70.6	129.8	211.4
せん断弾性係数〔GPa〕	26.2	48.3	81.6

(1) 軽量である　Al の密度は Fe や Cu に比べると約 1/3 で,「軽量化」や「省エネルギー」を実現するための重要な役割を果たす。

(2) 強度が高い　後述するように,さまざまな元素を合金化し,適切な熱処理を施すことにより,引張強さを 70〜600 MPa の範囲で調整することができ,鉄鋼材料に匹敵する材料特性が得られる。

(3) 低温脆性を示さない　結晶構造が面心立方格子 (fcc) であるため,鉄鋼材料に見られるような低温脆性を示さず,むしろ温度低下に伴い延性は向上する場合が多い。

(4) 塑性加工が容易　fcc 構造であるため延性に優れる。また,Al 特有の押出し加工により複雑な形状のものでも比較的容易に成形できる。

(5) 鋳造性がよい　融点が低く,密度が小さく,および湯流れ性が優れているため,複雑な形状のものでも容易に鋳造できる。

(6) 電気をよく流す　比抵抗は Cu の約 1.6 倍であるが,密度が Cu の約 1/3 なので,同一重量で比較すると Cu より約 2 倍多くの電気を流すことができる。

(7) 熱をよく伝える　熱伝導度が Fe の約 3 倍と高いので,各種熱交換器に多用されている。

3.6　アルミニウム合金(1)　　149

（8）耐食性がよい　　大気中で容易に酸化被膜を形成し，被膜の安定性が高いために優れた耐食性を示す。ただし，元素の添加量が増すと耐食性は劣化する。

（9）リサイクル性がよい　　再生地金製造に必要な電力が非常に少ない。

(10)　その他　　非磁性で，毒性がなく，溶接しやすく，陽極酸化被膜による着色が可能である。

　上述した長所を有する反面，融点が低いため200℃以下の温度で使用することを基本とし，また縦弾性係数がFeの約1/3と小さいため，構造部材への適用に際しては弾性変形量が大きくなることに配慮する必要がある。

3.6.2　アルミニウム合金の分類

　純Alは展延性や耐食性，電気および熱をよく伝えるなど優れた特性を有するが，強度が低いため種々の元素を合金化して特性の改善を図った上で実用に供する場合が多い。**図3.19**に示すように，実用のAl合金は，熱間および冷間で鍛造や圧延加工などの塑性加工を施し均一微細な組織とした展伸用合金（wrought alloy）と，鋳造そのままで使用する鋳造用合金（casting alloy）とに大別される。また，展伸用および鋳造用合金は，熱処理により強度の改善を図る熱処理型合金（heat treatable alloy）と非熱処理型合金（none heat treatable alloy）とに分けられる。非熱処理型合金は，固溶強化，分散強化，

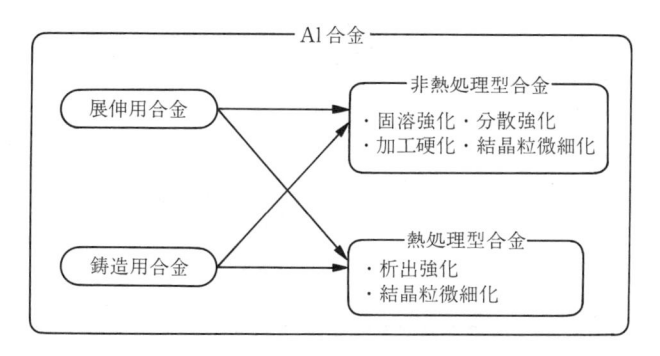

図3.19　Al合金の分類

150   3. 機 械 の 材 料

加工硬化あるいは結晶粒の微細化により強度を高め，熱処理型合金は主として析出強化により強度を高める。

次に，析出強化（時効硬化）における微細組織の変化と引張特性との関連について，図3.20の応力-ひずみ曲線を用いて説明する。析出強化により材料の強度を高めるためには，①溶体化処理，②急冷（焼入れ），③時効処理の三つの処理が必要となる。溶体化処理は均一な固溶体を得る処理，急冷は常温で過飽和固溶体を得る処理，時効処理は過飽和固溶体をより安定な状態にする処理である。安定な状態に変化する途中の段階で，いろいろな相（析出物）が形成される。形成される相はAl合金の種類あるいは時効処理条件によっても異なるが，一般的には以下の過程を経る。

過飽和固溶体 ⟶ GP Ⅰ帯 ⟶ GP Ⅱ帯 ⟶ 準安定相 ⟶ 安定相

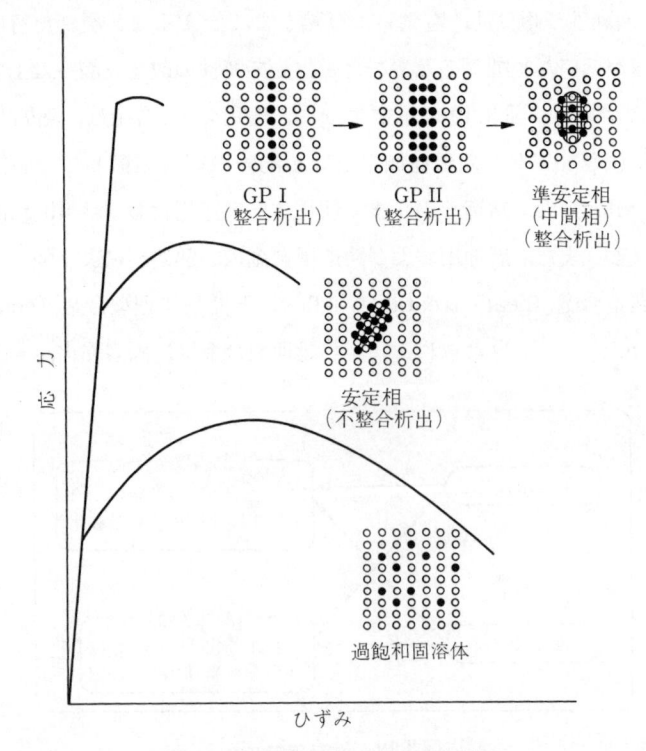

図3.20 微細組織と引張特性の関係

3.6 アルミニウム合金(1)

　過飽和固溶体の状態では，平衡状態以上の溶質原子が母相中にランダムに固溶しており，溶質原子に関連する抵抗（固溶強化）を転位が受けるため強度はわずかに増加するが，十分な延性と高い加工硬化性を示す．時効処理を加えると，急冷による過剰凍結空孔を媒介とする原子の拡散が生じ，溶質原子が特定の格子面上に1原子層の厚さで集合する．この集合体をGP I 帯という．時効が進展すると溶質原子の集合はさらに進み，数原子層にわたる集合体（GP II 帯）が形成される．

　GP I および II 帯の原子配列は，いずれも母相と同じで，界面の原子配列は連続的（整合）であるが，その周囲に著しいひずみ場を生じる．このひずみ場（整合ひずみ）は転位運動に対して大きな抵抗となるため，この段階で強度は著しく増大する．しかし，GP帯自体が弱いため，転位はGP帯をせん断する形で通過する．一度せん断された部分は，せん断に対する抵抗力が低下するため，同一のすべり面上における後続の転位の移動・通過は比較的容易となる．この状態における応力-ひずみ曲線は，降伏応力が大きいものの加工硬化しにくい．

　さらに時効が進展し，母相とは結晶構造が異なり化学量論的な組成を有する第2相（準安定相）が形成される初期の段階では，整合ひずみの増大に伴い強度は増加し最大となるが，成長・粗大化する段階に至ると母相との整合性は徐々に失われ，整合ひずみの減少に伴い転位の移動は容易となる．

　時効の最終段階では，準安定相から安定相への移行（結晶構造や格子定数に変化）が生じるとともに粗大化するために，転位との相互作用が弱まる．成長した準安定相や安定相は強固であるために，2.11節で述べたバイパス機構により転位は析出物を迂回して通過する．この場合，降伏応力は低下するものの，転位ループの堆積に伴い後続の転位の通過が抑制されるため，高い加工硬化性を示す．

　以上の時効過程で，最大の強度が得られる時効状態をピーク時効（peak age），それ以前を亜時効（under age），以後を過時効（over age）の状態と呼び，区別する．

152　3. 機 械 の 材 料

上で述べたように，熱処理あるいは加工の状態（これらを調質と呼ぶ）に応じて，Al合金の性質は著しく異なる。そこで，調質の状態を質別記号により表し，後述の合金番号に続いて記述することにより区別[†]している。JIS H 0001によれば，Fは製造そのままの状態，Oは完全に焼なました状態，Hは加工硬化した状態，およびTは熱処理により安定な質別にした状態を表す基本質別記号であり，H1，T6ならびにより詳細なH18，T6511などの質別記号が規定されている。

演 習 問 題

【3.13】 Al合金が有する力学的，物理的，化学的な特徴について説明しなさい。

【3.14】 熱処理型Al合金について，熱処理中の各段階で形成される微細組織の状態と引張特性との対応関係を説明しなさい。

3.7　アルミニウム合金（2）

3.7.1　展伸用アルミニウム合金

展伸用合金はAlを意味するAに続く4桁の数字で表すことがJIS規格により定められている。この4桁の数字は国際登録Al合金名に準じており，1桁目の数字は添加元素による合金系の区別を表し，1：純Al系，2：Al-Cu系，3：Al-Mn系，4：Al-Si系，5：Al-Mg系，6：Al-Mg-Si系，7：Al-Zn-Mg系，8：その他である。2桁目の数字は，0が基本合金を表し，1以降の数字は基本合金の改良あるいは派生合金であることを示す。なお，日本で開発され国際Al合金に相当する合金が存在しない場合には，2桁目をNで表す。3および4桁目の数字は化学組成に基づく個々の合金を示すが，純Alの場合には小数点以下の純度を表す。各合金系の主要な強化機構，長所および用途などを**表3.6**に示す。

[†] 例えば，"A 7075-T 6"という記述は，7075合金（Al-Zn-Mg系）に溶体化ならびに人工時効処理を施し強度を高めた状態を意味する。なお，標準的な溶体化ならびに時効処理条件は，別途に規定されている。

3.7 アルミニウム合金(2)

表3.6 Al合金展伸材の分類

合金系	主要な強化機構	長所	用途例	熱処理の区分	JISの記号(合金番号の例)
純Al	加工硬化,結晶粒の微細化*	加工性耐食性溶接性電気伝導性熱伝導性	日用品導電材熱交換器ホイル電線装飾品	非熱処理型	A1XXX(1050, 1070)(1100, 1N90)
Al-Cu	微細析出物($CuAl_2$など)	高強度	航空機リベットスキーストック油圧部品磁気ドラム	熱処理型	A2XXX(2017, 2117)(2024, 2025)
Al-Mn	加工硬化,析出粒子(Al_6Mnなど)	耐食性加工性	缶屋根板家庭用器物複写機ドラム電球口金建材	非熱処理型	A3XXX(3003, 3004)(3005, 3105)
Al-Si	分散粒子(Si)	耐摩耗性耐熱性低熱膨張	ピストンシリンダヘッド溶接線建築パネル	非熱処理型	A4XXX(4032, 4043)
Al-Mg	固溶強化(Mg),加工硬化	中強度耐食性溶接性	船舶低温圧力容器建材鉄道車両自動車缶エンド	非熱処理型	A5XXX(5052, 5054)(5083, 5N01)
Al-Mg-Si	微細析出物(Mg_2Siなど)	中強度耐食性押出し性	アルミサッシ自動車鉄道車両バット電線ガードレール	熱処理型	A6XXX(6061, 6N01)(6063, 6101)
Al-Zn-Mg	微細析出物($MgZn_2$など)	高強度	航空機鉄道車両自動車二輪フレームラケット	熱処理型	A7XXX(7003, 7N01)(7050, 7075)
その他(Al-Liなど)	微細析出物(Al_3Liなど)	高強度低密度高弾性率	航空機	熱処理型非熱処理型	A8XXX(8021, 8079)(8090)

*純Alに限らず,いずれの合金系においても結晶粒を微細化することは強度を改善する有効な方法である。

〔1〕 純アルミニウム（A1XXX系）

展伸用合金の約20％を占める工業用純Alは，日用品，電気部品および包装など多方面に使用されている。主な不純物元素はFeとSiであり，一般に純度が高いほど加工性，耐食性，伝熱性および導電性などは優れるが，強度は低い。代表的な合金に1100および1200が挙げられ，前者はCuを〜0.20％含み後者より強度に優れるため使用実績も多いが，耐食性はやや劣る。また，導電性に優れる1060合金の加工硬化材は架空電線に，1N30および1070合金は包装用の箔（ホイル）として広く用いられている。

〔2〕 Al-Cu系合金（A2XXX系）

2XXX系合金は，1906年にドイツの理工学中央研究所で行われた，Alfred Wilmによる Al-4％Cu-0.5％Mg 合金の時効硬化性に関する研究に端を発する。この系の合金は，GP帯や中間相（$CuAl_2$）の析出に伴い，Al合金中でも高い強度（鋼材に匹敵）が得られる。Wilmが発明したジュラルミン（duralumin：2017）および超ジュラルミン（2024）が代表的な合金で，現在でも航空機の骨格やリベットなど強度を必要とする部位に盛んに用いられている。強度に優れる反面，多量のCuを含むため耐食性に劣り，また溶接性もあまり良好でないためリベットやボルトを用いた接合が行われる。耐食性改善のため，表面に純Alを合わせ圧延したクラッド材が使用される場合もある。

〔3〕 Al-Mn系合金（A3XXX系）

純Alの有する良好な耐食性，成形加工性ならびに溶接性を損なうことなく，Mnの添加により適度に強度を高めたものがこの系の合金である。Mnは安価であり，Al_6Mn 析出相が母相に対して電気化学的に安定であるため良好な耐食性を示し，また析出相の大きさならびに分布を調整することにより結晶粒径や軟化特性を制御できることが特長として挙げられる。3003およびMgを1％前後添加し強度を高めた3004が代表的な合金で，前者は一般器物や化粧板，後者はアルミ缶のボディー材として用いられている。

〔4〕 Al-Si系合金（A4XXX系）

Siの添加により，耐摩耗性，低熱膨張係数および陽極酸化被膜特性を高め

たものがこの系の合金である。CuやMgを添加すると時効硬化性を示すことから，熱処理により強度を高めることも可能である。後述のように，Al-Si系合金はAl合金鋳造材の約90％を占める代表的な鋳物合金であるが，展伸材としては，鍛造用合金，溶接およびろう付けに用いる接合用合金ならびに建築外装材用合金の三つの用途が挙げられる。代表的な鍛造用合金である4032は，耐摩耗性に優れ熱膨張係数が小さいことから，各種ピストンやVTRシリンダなどに用いられている。Al-Si系合金は共晶形合金であり，共晶温度が577℃と低く良好な流動性やぬれ性を有するため，4045などがろう材として用いられる。また，4043はMIG溶接の溶接棒に用いられる。一方，Si含有量やSiの存在状態に依存して陽極酸化被膜の発色が変化するので，建築用外装材にも使用される。

〔5〕 **Al-Mg 系合金**（A 5 XXX 系）

共晶形合金であるAl-Mg系合金は，共晶温度でMgが最大17.4％固溶し，温度低下に伴い固溶量が大きく減少することから，時効硬化性が期待される。筆者らの検討によれば，7％Mg以上の合金で若干の析出強化が認められるが，強度の向上に有効な析出状態は得られない。したがって，一般には非熱処理型合金に分類される。加工硬化と固溶強化により，適度な強度と良好な耐食性，成形性および溶接性を示すため，この系の合金の用途は広い。鋳造性ならびに圧延加工の制限から，実用合金のMg濃度は約5％以下であり，強度を高めるためにMnやCrを微量添加する。Mg量の少ない5005などは建築，車両および船舶の内装材として，Mg量の多い5083などは船舶，車両および化学プラントの構造材に用いられる。冷間加工を加え，強度を高めたこの系の合金を室温で長時間保持すると，時間の経過に伴い強度が低下し，延性が向上するいわゆる経年変化を生ずる。この経年変化を抑制するため，工業的には低温で加熱し，あらかじめ軟化を促進する安定化処理（H 3）を施す。また，塑性加工を加えると，試料表面にストレッチャストレインに類似のひずみ模様を形成し，外観を損なうことがあるので注意を要する。

〔6〕 **Al-Mg-Si 系合金**（A 6 XXX 系）

この系の合金は，時効処理による GP 帯や中間相（Mg_2Si）の形成に伴い軟鋼に匹敵する強度が得られ，また耐食性にも優れる。押出し加工による製品は展伸製品全体の 45 % 程度と多く，中でも押出し性に優れた 6063 はアルミサッシなどの建築用あるいはその他の押出し製品に多用（95 % 以上）されている。6063 では強度が不十分な場合には，Cu 量が多い 6061 が使用されるが，後者の耐食性および成形性は前者にやや劣る。近年，自動車の軽量化を達成するためにアルミ化が取りざたされているが，6 XXX 系合金は塗装焼付け時の加熱により硬化するので，フレーム[†]のみならずボディーシートの材料として有望である。

〔7〕 **Al-Zn-Mg 系合金**（A 7 XXX 系）

7 XXX 系合金の生産量は比較的少ないが，GP 帯や中間相（$MgZn_2$）などの形成に伴い Al 合金中では最高の強度が得られるため，航空機，鉄道車両およびスポーツ用品などに用いられている。本系合金は，Cu を含有し 600 MPa 程度の引張強さが得られる 7075 および 7050 などの高強度系[††]と，Cu を含まず Zn と Mg 量を減らすことにより溶接性や耐食性を高めた 7N01 および 7003 などの中強度系に分類される。高強度系合金は航空機の構造材などの強度部材に利用されるが，残留応力あるいは負荷応力が存在する条件下では，時間の経過に伴いき裂が発生・成長し破断に至る応力腐食割れ（stress corrosion cracking, SCC）が発生するので，熱処理条件を調整するなどの配慮が必要である。中強度系合金は，溶接性および押出し性に優れることから，大型の押出し形材として新幹線車両（300 および 500 系など）の強度部材に利用されている。

[†] 従来の自動車はモノコック構造を採用しているが，次世代はスペースフレーム構造（aluminum space frame, ASF）が有望視されている。フォルクスワーゲン社の Audi A 8 は世界初の ASF 車として 1994 年に量産が開始された。

[††] 日本で開発された合金で，超々ジュラルミン（extra super duralumin, ESD）と呼ばれる。この合金の開発には，さまざまなエピソードがあり興味深い。関心がある読者は，幸田成康"金属学への招待"（アグネ社）を読まれることを勧める。

〔8〕 その他（A8XXX系）

FeやSiを主な添加元素とする種々の合金が8XXX系に規定されているが，それ以外にAl-Li合金は将来性のある合金の一つである。Liは共晶温度で約4％固溶するが，温度低下に伴い固溶量が低下することから析出硬化性を示す合金であり，準安定相（Al_3Li）などの形成に伴い500 MPa相当の引張強さが得られる。最大の特長は，Li（密度0.53 Mg/m³）を1％添加すると合金の密度が約3％低下し，弾性率が6％上昇することであり，Al合金のさらなる軽量化とともに高弾性率化が実現できる点にある。したがって，航空機をはじめとする各種輸送機器に魅力的な材料であるが，Liが活性な金属であるため，溶解などに際して取扱いに注意を要すること，Liの添加に伴い靭性が低下すること，ならびにLiが高価であることなど克服すべき課題を有している。

演 習 問 題

【3.15】 展伸用Al合金を添加元素の種類により分類し，それぞれの合金系が有する特徴を比較しなさい。

【3.16】 日常生活の中で使われているアルミニウム製品を挙げ，どのような合金系が用いられているか調べなさい。

3.8 アルミニウム合金(3)

3.8.1 鋳造用アルミニウム合金

JIS規格に登録されているAl合金鋳物の分類を**表3.7**に示す。これらの鋳造用合金を主要な添加元素の種類に基づき分類すると，以下に述べる3種類に大別される。

〔1〕 **Al-Si系合金**

Al-Si系合金は良好な鋳造性や耐摩耗性ならびに適度な機械的性質を示し，熱膨張係数や密度が小さいなど優れた性質を有することから，鋳物材料全体の

表3.7　Al合金鋳物の分類

種類	合金系	長所 / 短所	用途例	備考	JISの記号
鋳物1種A	Al-Cu	強度，切削性 / 鋳造性	自動車部品，航空機用油圧部品，電装品	熱処理型 金型，砂型	AC1A
鋳物1種B	Al-Cu-Mg	強度，切削性 / 鋳造性	自動車部品，航空機部品，重電気部品	熱処理型 金型，砂型	AC1B
鋳物2種A	Al-Cu-Si	鋳造性，強度 / 延性	マニホールド，シリンダヘッド，デフキャリヤ	熱処理型 金型，砂型	AC2A
鋳物2種B	Al-Cu-Si	鋳造性 / 延性	シリンダヘッド，クランクケース	熱処理型 金型，砂型	AC2B
鋳物3種A	Al-Si	流動性，耐食性 / 強度	ケース類，ハウジング類，カバー類	非熱処理型 金型，砂型	AC3A
鋳物4種A	Al-Si-Mg	鋳造性，靱性	マニホールド，ギヤボックス，船舶・自動車用エンジン部品	熱処理型 金型，砂型	AC4A
鋳物4種B	Al-Si-Cu	鋳造性，強度 / 延性	シリンダヘッド，マニホールド，クランクケース	熱処理型 金型，砂型	AC4B
鋳物4種C	Al-Si-Mg	鋳造性，耐圧性，耐食性	油圧部品，航空機部品，小型用エンジン部品	熱処理型 金型，砂型	AC4C
鋳物4種CH	Al-Si-Mg	鋳造性，強度，靱性	自動車用ホイール，航空機用エンジン部品	熱処理型 金型，砂型	AC4CH
鋳物4種D	Al-Si-Cu-Mg	鋳造性，強度，耐圧性	水冷シリンダヘッド，クランクケース，電装品	熱処理型 金型，砂型	AC4D
鋳物5種A	Al-Cu-Ni-Mg	高温強度 / 鋳造性	空冷シリンダヘッド，ディーゼル機関用ピストン	熱処理型 金型，砂型	AC5A
鋳物7種A	Al-Mg	耐食性，靱性 / 鋳造性	船舶部品，架線金具，電装品	非熱処理型 金型，砂型	AC7A
鋳物8種A	Al-Si-Cu-Ni-Mg	耐熱性，耐摩耗性，強度	ピストン，プーリ，軸受	熱処理型 金型	AC8A
鋳物8種B	Al-Si-Cu-Ni-Mg	耐熱性，耐摩耗性，強度	ピストン，プーリ，軸受	熱処理型 金型	AC8B
鋳物8種C	Al-Si-Cu-Mg	耐熱性，耐摩耗性，強度	ピストン，プーリ，軸受	熱処理型 金型	AC8C
鋳物9種A	Al-Si-Cu-Ni-Mg	耐熱性，耐摩耗性 / 鋳造性，切削性	ピストン	熱処理型 金型	AC9A
鋳物9種B	Al-Si-Cu-Ni-Mg	耐熱性，耐摩耗性 / 鋳造性，切削性	ピストン，空冷シリンダ	熱処理型 金型	AC9B

約90％を占める代表的な合金である．引張強さはSi量の増加とともに増大し，共晶（12％）付近の組成で最大値を示すが，延性は単調に低下する．共晶点付近でザク巣などの鋳造欠陥を生じやすい反面，湯流れ性は最大になるなど組成に依存して鋳造性も変化するが，共晶Si粒子の性状が機械的性質に大きな影響を与えるため，SrやNaなどを用いてSi粒子を球状・微細化する改良処理（modification）が行われる．10～13％Siを含む基本合金をシルミン（AC 3 A）と呼ぶ．また，機械的性質や高温強度を高めるためMgやCuを添加した合金があり，前者をγシルミン（AC 4 A，AC 4 C，AC 4 CH），後者を銅シルミン（AC 4 B）と呼ぶ．さらに，Cu，MgやNiを同時添加することにより，熱膨張係数を小さくし，耐摩耗性を高めたピストン用合金はローエックス（AC 8 A～C）と呼ばれる．シルミンを除く上述の各合金は，いずれも時効処理により強度が向上する熱処理型合金である．

〔2〕 **Al-Cu系合金**

Cuの固溶により鋳放し状態でも高強度を示すこの系の合金は，時効硬化性を有しているので適切な熱処理を施すことによりさらに強度を高めることができ，また良好な切削性を有することから自動車の強度部品などに用いられている．しかし，溶湯はガスを吸収しやすく，また凝固温度範囲が広いので鋳造性に劣り，健全な鋳物を得ることが難しい．また，耐食性にもやや問題がある．4～5％のCuを含む1種合金よりCuを減らし，Siを増すことにより鋳造性を高めた2種合金（ラウタル）は，4種合金と比較して鋳造性はやや劣るが，強度と切削性に優れるため機械的性質を重視するシリンダヘッドなどに使用されている．高温特性を高めるためにNiとMgを添加したY合金（4％Cu-2％Ni-1.5％Mg）は，鋳造性は劣るが，十分な強度と切削性および耐摩耗性に優れることからエンジン用部品に使用されている．

〔3〕 **Al-Mg系合金**

Mgの固溶により強度の向上を図るこの系の合金は，時効硬化性を示さないものの鋳放し状態でも適度な強度と延性を示し，また耐食性に優れることからヒドロナリウムの名称で呼ばれ，船舶用部品などに用いられている．溶湯はガ

スを吸収しやすく，酸化傾向も強いため，流動性に劣り，また凝固温度区間が広いことから，健全な鋳物を得ることは一般に困難である。

3.8.2 ダイカスト用アルミニウム合金

圧力を加えて金型に溶湯を高速で充塡するダイカストでは，高速注入に適した合金がJIS規格（**表3.8**）で定められている。金型により急冷されるため鋳

表3.8 Al合金ダイカストの分類

種類	合金系	長所 / 短所	用途例	JISの記号
1種	Al-Si	耐食性，鋳造性 / 耐力	自動車メインフレーム・フロントパネル，自動製パン器内釜	ADC1
3種	Al-Si-Mg	衝撃強さ，耐力，耐食性 / 鋳造性	自動車ホイールキャップ，二輪車クランクケース，ホイール	ADC3
5種	Al-Mg	耐食性，延性，衝撃強さ / 鋳造性	農機具アーム，船外機プロペラ，釣具レバー・スプール	ADC5
6種	Al-Mg	耐食性（5種に劣る）/ 鋳造性（5種より良）	二輪車ハンドレバー，ウィンカホルダ，磁気ディスク装置	ADC6
10種	Al-Si-Cu	強度，被削性，鋳造性	自動車キャブレタ，シリンダブロック，シリンダヘッドカバー，クランクケース，サイドカバー，カメラ本体，VTRフレーム，電動工具カバーケース，釣具ボディー	ADC10
10種Z*	Al-Si-Cu	10種と同等 / 鋳造割れ性，耐食性（10種に劣る）		ADC10Z
12種	Al-Si-Cu	強度，被削性，鋳造性		ADC12
12種Z**	Al-Si-Cu	12種と同等 / 鋳造割れ性，耐食性（12種に劣る）		ADC12Z
14種	Al-Si-Cu	耐摩耗性，鋳造性，耐力 / 延性	自動車自動変速機用オイルポンプボディー，二輪車インサート・ハウジングクラッチ	ADC14

* 10種よりZn含有量が多い
** 12種よりZn含有量が多い

造組織は微細になるが，空気や酸化物を巻き込みやすいため，一般に健全な組織は得にくい．したがって，熱処理による強度向上は期待できないため，鋳放し状態で強度が得られるような合金組成となっている．中でも，Al-Si-Cu 系の 10 種および 12 種合金がダイカスト用合金の 90% を占めている．

3.8.3 選択の指針

Al 合金は，主要な添加元素に依存して，種々異なる特性が得られるので，特性と用途とを十分に考慮して材料を選択する必要がある．基本的な考え方を以下に述べる．

〔1〕 強度を重視した場合

一般に，1XXX → 5XXX → 6XXX → 2XXX → 7XXX の順に，引張強さは 70〜600 MPa 程度の範囲で高くなる．溶接構造を主体とする強度部材には，溶接性に優れた Al-Mg 系合金の 5083 を検討する．この合金の引張強さ（σ_{uts}）は 300 MPa 程度で，耐食性および低温特性にも優れることから，低温条件を含めた種々の環境下で使用できる．さらに高い溶接強度が必要な場合には，7N01 や 7003 を検討する．これらの合金は，溶接性に優れ，T4 あるいは T5 処理を施すことにより溶接部の引張強さが約 300 MPa に達する．一方，リベットやボルトを主体とする構造物には，6061 や 6063（$\sigma_{uts} ≒ 300$ MPa）の使用を検討する．また，耐食性が問題とならず，高強度を必要とする場合には，最高強度（$\sigma_{uts} ≒ 500〜600$ MPa）が得られる 2024 あるいは 7075 に T4 および T6 処理を加えたものを検討する．

〔2〕 耐食性を重視した場合

一般に不純物濃度が低いほど良好な耐食性を示すので，強度を問題としなければ 1100，1200，1070 あるいは 1080 などの純 Al を検討する．淡水中では 3XXX 系が，海水中では 5XXX 系が純 Al より優れた耐食性を示すと考えられているが，具体的な環境条件により耐食性は左右されるので注意を要する．なお，2XXX および 7XXX 系では，応力腐食割れが発生するので，残留応力を取り除く，あるいは熱処理条件を調整するなどの配慮が必要となる．

〔3〕 加工性を重視した場合

押出し加工：良好な押出し性と熱処理により適度な強度が得られる 6N01，6063 および 7003 などは，代表的な押出し合金である．耐食性は前二者が優れるが，溶接性は 7003 が優れているので，用途に応じてこれらの合金を使い分ける．

絞り加工：張出し，曲げおよび純深絞りの 3 要素が絞り成形性に影響を与える．張出しおよび曲げは伸びと関連し，軟質材の方が適しているが，純深絞りは調質の状態とあまり関連しない．したがって，張出しおよび曲げの効果が大きい場合には，O 材相当の軟らかい調質を用いることがよく，1100，3003 および 3004 の O 材などが絞り成形に用いられる．一方，純深絞りの効果が大きな場合には，適度に加工硬化した H 材を用いることが多い．

切削加工：2011 および 6262 などは 1 ％以下の Pb を含み，良好な切削性を示すことから切削加工用材料として用いられる．切削加工した材料表面の耐食性が問題となる場合には，耐食性に優れた 5056 を検討する．これに次いで，6262，2011 の順に耐食性は劣る．

〔4〕 溶接性を重視した場合

Al 合金の溶融溶接には，MIG および TIG 溶接法が多用され，1 XXX，3 XXX，5 XXX，6 XXX および Cu を含まない 7 XXX 系が優れた溶接性を示す．耐食性を重視する場合には 5083 を，強度を重視する溶接構造材には自然時効により継手部の強度が母材に近い状態まで向上する 7N01 および 7003 を検討する．6 XXX 系では，溶接時の加熱により熱影響部は O 材相当の強度に低下するため，この点に配慮した追加的な熱処理を行う必要がある．

3.8.4 リサイクル

1999 年のアルミ缶の回収率は 78.5 ％ と高く，2002 年の回収目標である 80 ％ に近づいた．リサイクルされたアルミ缶の中で，再びアルミ缶として再生される割合は 79 ％ と非常に高い．一般に Al の回収率は高く，輸送用機械器具および建材の分野では 80 ％ 以上，全体でも 54 ％ が回収されている．Al が

リサイクルに適した金属である主要な理由として，

① リサイクルされた Al から再生地金を製造する際のエネルギーは，新地金を製造する場合と比較して 3 % 程度で済む

② Al のスクラップ価値が高いことが広く一般に認識されている

③ 環境問題に対する意識の高まり，および分別収集が徹底されている

の 3 点が挙げられる。

原料全体に占める再生地金の割合は 1999 年度実績で約 43 % にも達するが，再生地金の大部分は不純物の許容含有量が多い鋳造用合金に用いられている。今後，Al のリサイクル率をさらに高め，リサイクル材を有効かつ効率的に活用するためには，合金の種類に応じた分別回収の実現がポイントとなる。前述のように，添加する元素の種類およびその量は多様であるため，数種類の合金を一度に溶解し，目的の成分に調整することには，コストと時間を要する。そこで，合金の種類に応じた分別回収が実現されれば，溶湯成分の調整に関連する諸問題を軽減できる。

演 習 問 題

【3.17】 鋳造用 Al 合金を添加元素により三つに分類し，鋳造性，機械的性質および化学的性質などの観点から，それぞれの合金系が有する特徴を比較しなさい。

【3.18】 Al 合金のリサイクル性をさらに高めるには，今後どのような対応が必要と思われるか。

3.9 銅 合 金(1)

3.9.1 銅合金の特徴

人類と Cu とのかかわりは古く，紀元前 3000〜2000 年頃には生活用品や装飾品が純 Cu や青銅で作られていた（青銅器時代）。Cu が盛んに用いられた理由は主に

① 純 Cu は優れた展延性を有するため，塑性加工により容易に目的の形状

が得られる

② Snを添加した青銅の融点は純Cuと比較して顕著に低下するため，溶解が容易となり，加えて優れた鋳造性が得られる

の2点である。これらの特性に加えて，電気および熱の良導体であり，良好な耐食性を示すため，現在ではさまざまな分野で用いられ，工業的に重要な金属材料の一つになっている。

黄銅鉱（$CuFeS_2$）や輝銅鉱（Cu_2S）を精錬して98～99％程度の粗銅が得られるが，これを電気分解することにより陰極板上に純度の高いCuが形成される。不純物としては，As，Sb，Bi，PbおよびCu_2Oの形で存在する酸素などが挙げられ，これら不純物の含有量により電気および熱的特性や耐食性などが異なる。純Cuの特長を以下にまとめる（表3.5参照）。

(1) 電気をよく流す　比抵抗は純Feの約17％，純Alの約63％と小さく電気の良導体である。これがCuの最大の特長であり，Cuの用途の半分以上はこの特長を生かして電気用材料として用いられている。

(2) 熱をよく伝える　純Feの約5倍，純Alの約1.7倍の熱伝導度を有し，熱をよく伝えるため，各種熱交換器に利用される。

(3) 鋳造性がよい　ZnやSnを添加すると融点が低下し，湯流れ性もよいことから鋳造性に優れている。

(4) 塑性加工が容易　結晶構造がfccであるため，延性に優れる。冷間加工でも大きな塑性変形能を示すが，600℃以下の温度で焼なまし処理を加えることによりさらなる塑性変形が可能となる。

(5) 耐食性がよい　大気や淡水に対して優れた耐食性を示すため，水道タンクや建材などに利用される。また，大気中のCO_2や水分などにより表面に形成される灰緑色の青さび〔$CuCO_3 \cdot Cu(OH)_2$や$CuSO_4 \cdot 3Cu(OH)_2$など〕は，美しい色調を呈すると同時に保護被膜の役割を果たす。

(6) その他　非磁性である，低温脆性を示さない，添加元素の量を調整することにより多彩な色調が得られる。

このような長所を有する一方で，密度が Fe の約 1.1 倍，Al の約 3.3 倍と大きいため，部品の重量が増す。水素を含む還元雰囲気中で Cu_2O を含有する材料を加熱すると，拡散侵入した水素と反応して水蒸気を形成し，脆化する（水素病）。冷間加工を施した Zn 含有量が多い合金では，大気中のアンモニアガスなどと引張残留応力との相互作用（応力腐食割れ）により，時間の経過に伴いき裂が発生・進展する（置割れ），などの問題点を有する。

3.9.2 純銅および銅合金の種類

〔1〕 工業用純銅

工業用純 Cu は，製法および酸素含有量により，電気銅，タフピッチ銅，脱酸銅および無酸素銅に分けられる。粗銅を電気分解し精錬したものが電気銅で，これを溶解・鋳造したものがタフピッチ銅である。タフピッチ銅には通常 0.04 ％ 程度の酸素が主に Cu_2O の形で存在するため，水素病が問題となり，溶接やろう付けには適当でない。P，Si あるいは Mn などの脱酸剤を用いて酸素含有量を 0.02 ％ 以下に減らしたものが脱酸銅で，水素病は生じにくいが，脱酸剤が母相に残存・固溶しているのでタフピッチ銅より電気抵抗が大きい。不活性雰囲気や真空中で溶解・鋳造することにより，酸素量を 0.001 ％ 以下に減少させたものが無酸素銅である。水素病が問題とならず，導電性および熱伝導に優れ，良好な耐食性を示すことから，電気的あるいは化学的特性を重視する特殊用途に利用される。

一般に，純度の高まりに伴い純 Cu の電気抵抗は減少し，耐食性は向上する。また，強度は低下するものの，塑性変形能は増大する。特に，Cu の最大の特長である電気抵抗に関しては，Fe，P，Si，As および Sb などが悪影響を与える。

〔2〕 銅合金

実用 Cu 合金には種々異なる元素が添加されているが，Cu 合金を平衡状態図の形状から分類すると黄銅型，青銅型およびその他の三つに大別される。従来，Zn 添加合金は黄銅（古くは真鍮(しんちゅう)，brass），Sn 添加合金は青銅

(bronze) と呼ばれていたが，現在では Zn 以外の元素を添加した合金を総称して青銅と呼ぶ．アルミニウム青銅およびケイ素青銅などがその例で，Cu-Sn 系合金は他の青銅と区別するためスズ青銅と呼ばれる．

（a）黄銅 Cu-Zn 系平衡状態図を**図 3.21** に示す．α 相は fcc 構造を有する固溶体で，最大で約 39 ％（454 ℃）の Zn を固溶するが，温度に対する溶解度曲線の変化が小さいことから，熱処理による強度の改善は困難である．β' 相は β 相が規則化した bcc 構造の規則格子で，規則-不規則変態は時間と無関係に生ずるので急冷しても阻止できない．通常，実用合金には 45 ％ 以下の Zn が含まれるが，上述の理由から組織は α 単相あるいは $\alpha + \beta'$ の 2 相となる．α 相は室温でも十分な延性を有することから，35 ％ 以下の α 相合金は冷間加工と中間焼なましの組合せによる塑性加工が可能である．β' 相の増加に伴い強度は増大するが，延性は 30 ％ Zn をピークに減少することから冷間加工が困難となる．一方，β 相は α 相以上の延性を示すことから，2 相合金には熱間加工が有効である．Zn 含有量が多い合金では，置割れを生じやすいので，加工による残留応力を低温での焼なましなどにより低減することが重要で

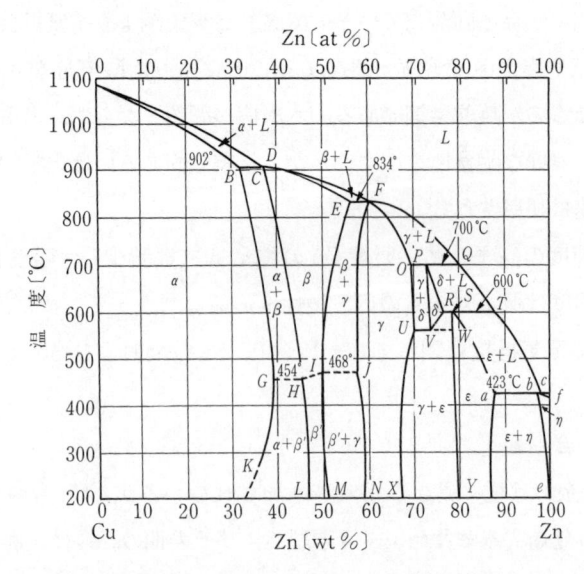

図 3.21 Cu-Zn 二元系合金の平衡状態図

ある。また，Zn量の増加に伴い，赤銅色から黄金色および淡黄色へと変化し，豊かな色彩が得られることも特長の一つである。

耐食性や機械的特性あるいは被削性などを改善するために，Pb，Sn，Alあるいは Mn などの第3元素を黄銅に添加（2～3 %）した合金を総称して特殊黄銅と呼んでいる。Pb は固溶せず粒子の形で母相中に分散することにより被削性を高める働きを有するが，他の大部分の元素は α あるいは β' 相中に固溶する。つまり，微細組織には顕著な差異を生じないが，α 相と β' 相の量的割合は第3元素の添加に伴い変化し，Zn の添加量を変えた場合と同様な効果を見かけ上示す。第3元素を単位当り添加した場合の効果を Zn 量に換算したものが亜鉛当量（zinc equivalent）であり，**表 3.9** に示すような値を有する。

表 3.9 各種添加元素の亜鉛当量

元素	Si	Al	Sn	Mg	Pb	Cd	Fe	Mn	Ni
亜鉛当量	10.0	6.0	2.0	2.0	1.0	1.0	0.9	0.5	−1.3

（b） スズ青銅 平衡状態図（**図 3.22**）の特徴は，$\beta \longrightarrow \alpha + \gamma$ および $\gamma \longrightarrow \alpha + \delta$ などの共析変態を有することである。α 相（fcc 構造）は最大で 15.8 %（520 ℃）の Sn を固溶し，常温ではほとんど Sn を固溶しないため析出強化が期待される。しかし，通常の冷却速度では溶解度曲線に準じた変化は生じず，また時効析出物の形成は特殊な場合に限定されるので，15.8 % 以下の Sn を含む合金の組織は通常 α 固溶体の単相となる。β および γ 相はともに bcc 構造を有する固溶体であるが，γ 相は規則格子的な原子配列をとるようである。δ 相は $Cu_{31}Sn_8$ あるいは $Cu_{41}Sn_{11}$ で表される複雑な結晶構造を有する硬くてもろい金属間化合物である。実用合金の化学組成は一部を除いて Sn が 12 % 以下であり，凝固温度範囲が広いため偏析を生じやすいものの，溶解が容易で湯流れ性がよく，凝固収縮も小さいので，Cu 合金の中では最も鋳造性に優れている。また，Zn を少量（2～5 % 程度）添加することにより鋳造性は一段と良好になる。12 % Sn 以下の実用合金では，Sn 量とともに硬さや引張強さは単調に増加するが，電気および熱伝導度は低下する。伸びは約 5～8 % でピーク値を示すことから，Sn 量が少ない合金では冷間加工も可能であるた

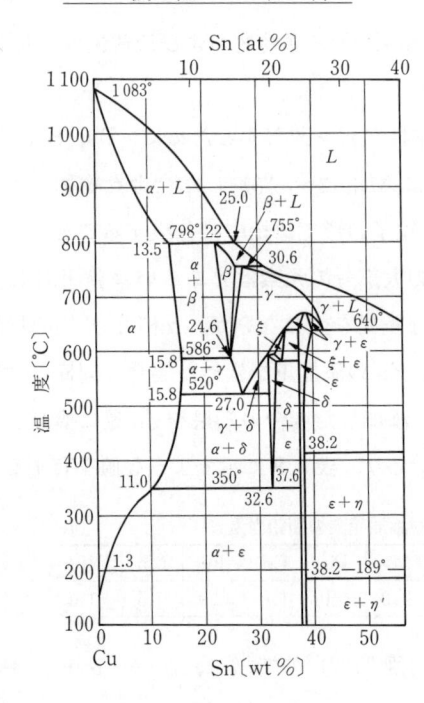

図 3.22 Cu-Sn 二元系合金の平衡状態図（Cu 側）

め展伸材としての利用も考えられるが，展伸材には後述のリン青銅が用いられ，スズ青銅の大部分は鋳物に用いられる。また，黄銅と比較すると，スズ青銅は硬く，耐食性や耐摩耗性に優れている。

リン青銅：通常，脱酸剤として用いる P の添加量を増し，合金中に 0.05〜0.5％ 程度残留するようにした合金で，溶湯の流動性，機械的性質や耐摩耗性が改善される。展伸用と鋳物用のリン青銅がある。展伸用リン青銅は，10％ Sn 以下のスズ青銅を基本合金とし，0.05〜0.15％ 程度残留するように P を添加した合金で，板材や棒材として用いられる。鋳物用リン青銅は，10〜20％ Sn 合金に 0.3〜0.5％ 程度残留するように P を添加した合金で，析出物（Cu_3P）の形成に伴い，強度や耐摩耗性ならびに耐食性が向上する。歯車，軸受およびピストンリングなどに用いられる。

砲　金：90％ Cu-10％ Sn 合金に Zn を少量添加して，鋳造性や被削性を改善した合金で，機械部品やバルブコックなどの鋳物に多用される。

鉛青銅：Pb はスズ青銅にほとんど固溶しないが，デンドライト間に粒子状で分散し合金の潤滑性を高めるため，軸受合金として利用される。

演習問題

【3.19】 純 Cu，黄銅およびスズ青銅の有する特徴を，微細組織，鋳造性および機械的性質などの観点から比較しなさい。

【3.20】 スズ青銅は Cu 合金の中でも優れた鋳造性を有する合金の一つに挙げられるが，その理由を説明しなさい。

3.10 銅合金(2)

3.10.1 その他の銅合金

〔1〕 **Cu-Al 系合金**

この系の合金はアルミニウム青銅と呼ばれ，Cu 合金の中では後述のベリリウム銅に次いで優れた強度を示し，また耐食性や耐熱性に優れるが，被削性，鋳造性および溶接性に劣るため，黄銅やスズ青銅などと比較すると生産量は少ない。しかし，耐食性に優れ，密度が小さいなどの特長を生かして，主として大型船舶用推進器（スクリュー）の材料に用いられている。Cu-Al 系の平衡状態図を**図 3.23** に示す。Al の最大固溶量は約 9.4％（565℃）で，α 相

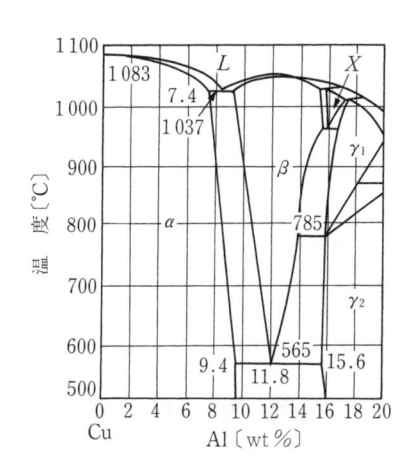

図 3.23 Cu-Al 二元系合金の平衡状態図（Cu 側）

(fcc) および β 相（bcc）は展延性に富むものの，Al を 10％以上含む合金では $\beta \longrightarrow \alpha + \gamma_2$ などの共析変態により脆化する．耐力などの強度は約 10％ Al で，伸びは約 6％ Al で極大となり，その後，γ_2 の析出に伴い機械的性質は低下する．しかし，この共析反応は非常に緩やかに進行するため，冷却速度を少し高めると鋼のマルテンサイト変態に相当する変態（$\beta \longrightarrow \beta'$）を生じ，強度は改善される．他方，肉厚の部分など局所的に冷却速度が低くなる部分では，粗大な α と γ_2 相とが形成され脆化する．この脆化（自己焼なましあるいは徐冷脆化）を防ぐためには，冷却速度を高めるか第 3 元素を添加する．実用合金の Al 量はいずれも 12％以下であり，5％以下の Fe あるいは Ni を添加して α 相の領域を拡大することにより徐冷脆化を防いでいる．また，Mn を 7％以上添加した合金では，β 相が安定化するため仮に β 相を生じても徐冷脆化を生じにくい．

〔2〕 **Cu-Be 系合金**

Cu-Be 系の平衡状態図を**図 3.24** に示す．この系の合金も共析変態を生じ，575 ℃ で β 相（bcc）は α 相と γ 相（CuBe：bcc）とに分解する．α 相（fcc）は Be を最大で 2.7％（864 ℃）固溶するが，温度低下に伴い固溶量は急激に低下することから析出強化が期待される．Be を 2％程度含む合金を 800 ℃ 程度に加熱し均一な α 固溶体とした後に急冷，引続き約 350 ℃ で時効

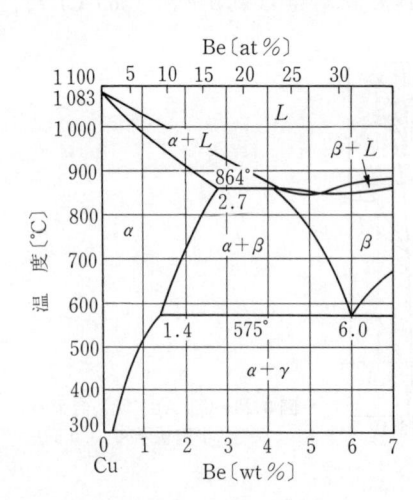

図 3.24 Cu-Be 二元系合金の平衡状態図（Cu 側）

処理を加えると，α相中にGP帯や準安定相γ′あるいは安定相γが形成される段階で強度は著しく増大する。ベリリウム銅はCu合金の中で最大の強度（$\sigma_{uts} \fallingdotseq 1\,300$ MPa）を有し，耐摩耗性，ばね特性および導電性にも優れることから，高導電性ばね，スポット溶接用電極および歯車などに利用される。また，打撃時に火花を生じないことから，安全工具としても用いられている。実用合金は，約2％のBeを含み強度を重視した高力合金と，Be量を1％以下に抑え導電率を高めた高導電率合金の2種類に大別される。いずれの合金にも，溶体化処理時における結晶粒の粗大化を抑制するためCoを少量（0.3％程度）添加する。また，高価なBeをCr，NiやFeなどで置き換えた特殊ベリリウム銅も顕著な時効硬化性を示す。

〔3〕 **Cu-Ni系合金**

Cu-Ni系合金は全率可溶固溶型の状態図を有し，二元系合金では十分な特性が得られないので，Al，Si，ZnやMnなどの第3元素を適量添加して，時効硬化性をもたせた上で実用に供する場合が多い。実用合金としては，10〜30％のNiを含む白銅（キュプロニッケル），白銅のNiの一部をZnで置き換えた洋白，10〜15％Niに2〜3％のAlを加えたニッケル青銅，あるいは3〜4％Niに1％程度のSiを添加したコルソン合金などがある。これらの合金は展延性や耐食性および高温特性に優れ，また美しい光沢を有する合金もあるので，熱交換器や電気部品のみならず装飾品や食器にも用いられている。

〔4〕 **Cu-Mn系合金**

この系の合金はMn添加に伴う固溶強化により強度の向上が図られ，200℃以上の温度ではMnの固溶量は20％以上に達する。したがって，温度上昇に伴う強度低下が少ないことが特長の一つである。Cu-Mn系合金は，添加元素の種類により二つに大別できる。Cu-Zn-Al-Mn（5％以下）-Fe系合金は，強度や耐摩耗性に優れるため，軸受，カムおよび歯車などに利用される。Cu-Al-Fe-Ni-Mn（最大15％）系合金は大型鋳物に適し，強度，耐食性，耐摩耗性が良好であることから，船舶用スクリュー，歯車および羽根車などに利用されている。ところで，84％Cu-12％Mn-4％Ni合金はマンガニンと呼ば

れ，室温付近における電気抵抗の温度依存性が非常に小さいことから標準抵抗線に用いられる。ホイスラー合金（61％Cu-26％Mn-13％Al）は，構成元素がいずれも非磁性であるが，強磁性を示す合金として興味深い。

3.10.2 銅合金の分類

Cu合金の場合，Al合金に見られるような添加元素の種類に依存する展伸材と鋳物材との明瞭な区別はないが，一般に合金元素の添加量の増大に伴い塑性変形能が減少するので，添加量の少ない合金は展伸用に，多い合金は鋳造用に用いられる傾向にある。

〔1〕 展伸用銅合金

展伸用銅合金（伸銅品）は，表3.10のように伸銅品を示すCの記号に続く4桁の数字で表すことがJIS規格で定められている。第1位は合金系統を表し，第2および3位の数字は合金系統内における各合金の区別を表す。CDA (Copper Development Association) が規定（3桁の数字で合金を区別）する化学成分の範囲内に含まれる合金については，CDAの第2および3位と同じ

表3.10 伸銅品の分類

記号	合金系	特長	用途例	合金例
C1XXX	Cu，高Cu合金	電気や熱の伝導性，展延性，耐食性，溶接性	電気用 化学工業用	C1020, C1100, C1201, C1720
C2XXX	Cu-Zn合金	展延性，美しい色調が得られる	建築用 装身具	C2100, C2200, C2600, C2801
C3XXX	Cu-Zn-Pb合金	被削性，打抜性	時計部品 歯車	C3560, C3561, C3710, C3713
C4XXX	Cu-Zn-Sn合金	海水に対する耐食性	熱交換器 ばね部品	C4250, C4430, C4621, C4640
C5XXX	Cu Sn合金，Cu-Sn-Pb合金	展延性，耐疲労性，耐食性，ばね特性	各種ばね 軸受	C5111, C5102, C5191, C5210
C6XXX	Cu-Al合金，Cu-Si合金，特殊Cu-Zn合金	強度，耐摩耗性や海水に対する耐食性	機械部品 船舶用	C6140, C6280, C6782, C6783
C7XXX	Cu-Ni合金，Cu-Ni-Zn合金	海水に対する耐食性，展延性，高温特性，美しい光沢	熱交換器 装飾品 ばね	C7060, C7150, C7351, C7451

数字を用い，また第4位に0を付ける。一方，範囲内に含まれない合金については，最も近い化学成分を有するCDA合金の第2および3位の数字を用い，第4位には合金の制定順に1から9の数字を付ける。また展伸用銅合金は，加工あるいは熱処理の状態に依存して各種機械的性質が異なるので，これらの状態を質別記号により表し区別する（JIS H 0500）。例えば，Fは製造そのままの状態，0は完全に再結晶あるいは焼なました状態，Hは適度に加工硬化した状態をそれぞれ表す。

〔2〕 鋳物用銅合金

1997年にCuおよびCu合金鋳物に関するJIS規格が新しく制定された。それによると，Cu合金鋳物はCACに続く3桁の数字で表される。第1位の1から8までの数字は添加元素による合金系の種類を表し，第3位の数字は各合金の区別を表す。**表3.11**に鋳物用合金の種類，合金の特長および用途例をまとめて示す。

表3.11 CuおよびCu合金鋳物

種類	記号	合金系	特長	用途例
銅鋳物1種〜3種	CAC101〜103	Cu系	鋳造性，導電性，熱伝導性	羽口，冷却板，導体
黄銅鋳物 1種〜3種	CAC201〜203	Cu-Zn系	ろう付け性，鋳造性	フランジ類，電気部品，日用品
高力黄銅鋳物 1種〜4種	CAC301〜304	Cu-Zn-Mn-Fe-Al系	強度，耐食性，耐摩耗性	船舶用スクリュー，軸受，摺動部品
青銅鋳物 1種〜7種	CAC401〜407	Cu-Sn-Zn(-Pb)系	湯流れ，被削性，耐摩耗性，強度など	軸受，スリーブ，ポンプ胴体，歯車
リン青銅鋳物 2種A〜3種B	CAC502A〜503B	Cu-Sn-P系	耐食性，耐摩耗性	歯車，ウォームギヤ，軸受
鉛青銅鋳物 2種〜5種	CAC602〜605	Cu-Sn-Pb系	耐圧性，耐摩耗性，なじみ性	各種軸受，シリンダ
アルミニウム青銅鋳物1種〜4種	CAC701〜704	Cu-Al-Fe(-Ni-Mn)系	強度，耐食性，耐摩耗性，大型鋳物に適	軸受，歯車，船舶用スクリュー，化学用機器部品
シルジン青銅鋳物 1種〜3種	CAC801〜803	Cu-Si-Zn系	湯流れ性，強度，耐食性	船舶用ぎ装品，軸受，歯車

3.10.3 選択の指針

展伸用および鋳造用銅合金には，非常に多くの種類があるが，合金の特徴に応じて使い分けることが重要となる。

導電性や熱伝導性は純 Cu が最も優れるが，純 Cu では強度が不足の場合には高導電性のベリリウム銅を検討する。展延性および被削性を重視する場合には，比較的安価である黄銅を検討する。強度を重視する場合には，ベリリウム銅，特殊黄銅あるいはアルミニウム青銅を検討する。耐食性や耐摩耗性には，スズ青銅やアルミニウム青銅が優れる。アルミニウム青銅は，比重が小さく，高温強度も優れるなどの特長を有するが，鋳造性や被削性に劣る。スズ青銅は Cu 合金の中で最も優れた鋳造性を有するので，鋳物材としては第一に検討すべき材料である。一方，装飾品などには添加元素量により種々異なる色調が得られる黄銅あるいは美しい光沢が得られる Cu-Ni 系合金の白銅や洋白を検討する。

演 習 問 題

【3.21】 添加する元素により Cu 合金を分類し，それぞれの合金が有する機械的・物理的および化学的性質の特徴を整理しなさい。

【3.22】 Cu 合金を使用する場合，どのような点に配慮して合金を選ぶとよいか，簡単に説明しなさい。

3.11 その他の金属材料

3.11.1 マグネシウム合金

Mg は工業用金属材料の中で最も軽く，比重が 1.74 である。このため，Mg 合金はリサイクル可能なプラスチックの代替品として利用される。

Mg は稠密六方晶であるため，冷間加工しにくく，常温の加工はやや困難である。しかし，少し温度を上げると加工は容易になる。また，イオン化電圧が高いため，化学的に活性であり，耐食性に劣る。特に，海水（食塩水）には極

めて腐食されやすい。液体の Mg は蒸気圧が非常に高い。その上，酸化しやすいため，大気中で爆発的に燃焼する。このため，Mg あるいは Mg 合金の大気中での溶解・鋳造は困難であり，$MgCl_2$，KCl などの酸化防止用フラックス (flux) を使うと同時に，爆発を防止するため，最大限の注意が払われる。

Mg に Al，Zn を添加すれば，強化 Mg 合金ができる。汎用 Mg-Al-Zn 合金の AZ 31 は展伸用であり，適当な強さと靱性を有し，展延性もよい。Mg-14％Li-1％Al 合金は実用合金の中で最も軽く（比重 1.36），しかも，Al 合金のように，大気中で冷間加工することができる。鋳造用 Mg-Al-Zn 系合金の種類を**表 3.12** に示す。なお，最近，Ca の添加などによる難燃性 Mg 合金の開発も進んでいる。

表 3.12 鋳造用 Mg-Al-Zn 系合金の種類

JIS		ASTM	主要成分 （残部は Mg）	鋳型
鋳物 1 種	MC1	AZ63A	Al：5.3〜6.7 Zn：2.5〜3.5 Mn：0.15〜0.35	砂型
鋳物 2 種 A	MC2A	AZ91C	Al：8.1〜9.3 Zn：0.40〜1.0 Mn：0.13〜0.35	砂型 金型
鋳物 2 種 B	MC2B	AZ91E	Al：8.1〜9.3 Zn：0.4〜1.0 Mn：0.17〜0.35	砂型 金型
鋳物 3 種	MC3	AZ92A	Al：8.3〜9.7 Zn：1.6〜2.4 Mn：0.10〜0.35	砂型 金型

3.11.2 チタン合金

Ti の融点は 1 668 °C である。Ti は 855 °C で同素変態し，低温側では加工困難な稠密六方晶の α 相，高温側では加工可能な体心立方晶の β 相になる。Ti の比重は 4.54 であり，Fe（比重 7.8）より軽く，Al（比重 2.7）より重い。Ti のイオン化電圧は Al より卑である。しかし，酸性や中性液内では薄く緻密な表被膜が形成されて内部を保護するため，Ti は優れた耐食性を示す。特に，

塩分（海水）に対する耐食性が極めて優れる。

TiにAl，V，Cr，Moなどを加えて熱処理したTi合金は比強度（specific strength，引張強さ/比重）が，図3.25に見るように，500°Cまでの温度範囲ではFe合金など他の合金より高く，その上，耐食性と耐熱性を備える。このため，Ti合金は航空・宇宙・海洋開発をはじめ，自転車，眼鏡部品，ゴルフのクラブヘッド，釣り竿，医療分野などで利用されている。

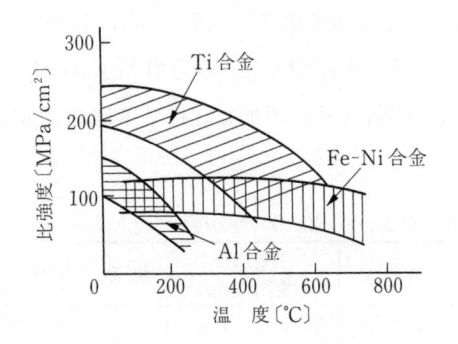

図3.25 Ti合金などの比強度と温度の関係

Ti合金はα相安定型（hcp），β相安定型（bcc），$\alpha+\beta$相安定型に分類できる。5～8％Alを主に加えたα型は耐熱Ti合金として多く利用され，溶接

表3.13 Ti合金の種類と機械的性質

種類	合金〔mass%〕	熱処理	引張強さ〔MPa〕	伸び〔％〕	特長
α型	Ti-5Al-2.5Sn	焼なまし	850	18	
	Ti-8Al-1V-1Mo	加工材	1000～1100	15～18	高強度
	Ti-6Al-2Sn-4Zr-2Mo-0.1Si	時効硬化	890	15	耐熱・耐クリープ性
	Ti-6Al-5Zr-0.5Mo-0.25Sn	時効硬化	1060	12	耐熱・耐クリープ性
$\alpha+\beta$型	Ti-6Al-4V	焼なまし	990	14	汎用合金
		時効硬化	1170	10	
	Ti-6Al-2Sn-4Zr-6Mo	時効硬化	1260	10	焼入れ性大
	Ti-6Al-6V-2Sn	時効硬化	1165	8	加工性良好
	Ti-11Sn-5Zr-2.5Al-1Mo-1.25Si	時効硬化	1100	10	耐熱性
β型	Ti-13V-11Cr-3Al	焼なまし	1110	16	高強度
		時効硬化	1270	8	
	Ti-11.5Mo-4.5Sn-6Zr	焼なまし	860	―	高強度・加工性
		時効硬化	1380	11	
	Ti-15Mo-5Zr	時効硬化	1660	7.5	高強度・加工性・耐食性

性に優れる。V，Mo，Cr などを 10〜15 ％ 加えた β 型は常温でも bcc の β 相が安定であり，熱間や冷間の加工性に優れており，時効による析出強化ができるため，高力合金として用いられる。α＋β 型の代表は Ti-6 Al-4 V 合金であり，α 相の耐熱性と溶接性，β 相の加工性と熱処理性を兼ねた構造用材料である。このため，Ti-6 Al-4 V 合金は全 Ti 合金使用量の 60〜80 ％ を占めている。表 3.13 に Ti 合金の種類と機械的性質を示す。

3.11.3 ニッケル合金

Ni は面心立方晶の銀白色で，加工性がよく，熱間・冷間加工ができる。靭性に優れ，低温でも脆性を示さない。その上，耐食性が良好でさびを生じにくい。

Ni-Cu 合金にはモネルメタル（Monel metal），洋白（nickel silver），キュプロニッケル（cupro-nickel）があり，3.10 節で述べている。

Ni-Cr 合金は電気抵抗，耐食性，耐熱性がいずれも良好であるため，電熱用抵抗線，耐食・耐熱合金に利用される。電熱用合金では 40 ％ Cr が最大抵抗率を示すが，加工困難であるため，実用では 20 ％ ぐらいの Cr 量が多い。インコネルは 80 ％ Ni-14 ％ Cr-Fe 系の合金で耐食性・耐熱性に優れるため，熱処理部品，高温計の保護管，電熱器用部品などに使われる。

3.11.4 低溶融金属

Sn，Pb，Zn は融点が低く，軟らかい金属であるため，これらの合金は構造材料には使われない。

ホワイトメタル（white metal）といわれるすべり軸受用合金は Sn，Pb，Sb，Zn，Cu からなる合金であり，Pb 系と Sn 系がある。長年，接合技術に用いられていたはんだ（solder）は 25〜90 ％ Sn を含む Pb-Sn 合金である。図 3.26 に Pb-Sn 合金の状態図を示す。Pb は人体に有害であり，環境への影響が懸念されるため，最近では鉛フリーはんだが使われる。なお，Pb は X 線など放射線の遮蔽効果が大きい。

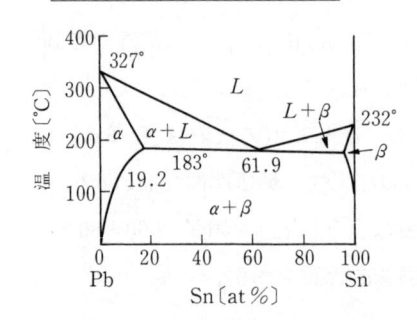

図 3.26 Pb-Sn 合金状態図

ダイカスト用 Zn 合金はザマック（Zamak）といわれる Zn-Al 合金であり，Zn に約 4％ Al の添加で流動性と強度を向上させ，約 0.05％ Mg の添加で結晶粒界腐食を防止する．

3.11.5 焼結合金

焼結合金（sintering alloy）とは原料粉末の混合，プレス成形，焼結で作成される合金をいう．焼結とは粉末あるいは圧粉体の個々の粒子を結合して強度を増大させるための熱処理である．焼結現象を利用した金属加工法を粉末冶金（powder metallurgy）という．粉末冶金の最大の特長は粉末を成形，焼結することにより，最終の製品形状を直接，成形できること（net shaping）であり，その上，量産もできる．

焼結には固相焼結と液相焼結がある．固相焼結では粉体あるいは空隙の表面エネルギーの減少が駆動力となって，原子が拡散し，焼結が行われる．液相焼結では焼結が融液を介しながら進行する．このため，融液と固相の間のぬれ性（wettability）が重要になる．

焼結合金では多孔質合金（porous alloy）を作ることができる．油含浸 Fe-Cu 焼結合金は合金の多孔内に油を含浸させたものであり，軸受に広く利用される．超硬合金（cemented carbide alloy）は炭化物の粉末を少量の溶融 Co の作用で固化したもの（液相焼結）である．炭化物には WC，TiC などが用いられる．

演習問題

【3.23】 チタン合金の特徴を挙げなさい。
【3.24】 多孔質合金に油を含浸するにはどんな方法が用いられているか。

3.12 新 金 属

3.12.1 形状記憶合金・超弾性合金

形状記憶合金（shape-memory alloy）とは特殊な加工と熱処理で自分自身の形状を記憶する合金である。また，超弾性合金（super elasticity alloy）とは弾性限を超えた大きな変形が除荷されると元の形状に戻る合金である。形状記憶効果と超弾性効果を備えた合金は，米国において，Au-Cd 合金が 1950 年頃に，Ni-Ti 合金が 1964 年に見いだされて以後，表 3.14 に示すように数多くある。しかし，現在使われているものは Ni-Ti 合金とその改良合金である。

表 3.14 形状記憶合金の相類と特性

合 金	組 成	M_s 点〔℃〕	変態温度ヒステリシス〔℃〕
Ni-Ti	49〜51 at % Ni	−50〜100	〜30
Ni-Al	36〜38 at % Al	−180〜100	〜10
Mn-Cu	5〜35 at % Cu	−250〜180	〜25
Au-Cd	46〜50 at % Cd	30〜100	〜15
Cu-Al-Zn	23〜28 at % Al 45〜47 at % Zn	−190〜 40	〜 6
Cu-Al-Ni	3〜 5 wt % Al 28〜29 wt % Ni	−140〜100	〜35

図 3.27 に形状記憶効果を，図 3.28 に金属，形状記憶合金，超弾性合金の応力-ひずみ線図を示す。形状記憶合金の特徴は，マルテンサイト変態点（M_s 点）以上の温度でオーステナイト相〔図 3.27(a)〕を呈するが，M_s 点以下の温度で熱弾性型マルテンサイト相〔同図(b)，thermoelastic transformation〕に変態することにある。なお，この変態は可逆的であり，M_s 点以上の温度では再びオーステナイト相に戻る。超弾性は M_s 点以上の温度範囲で外力を加えると発生する。すなわち，オーステナイト相〔同図(a)〕の温度で外力

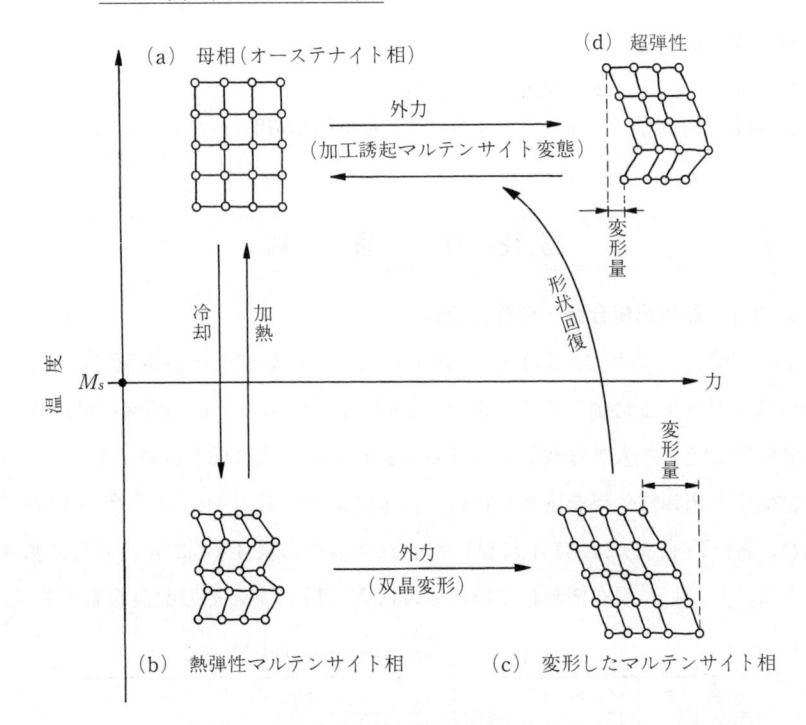

図 3.27 形状記憶効果と超弾性効果のメカニズム

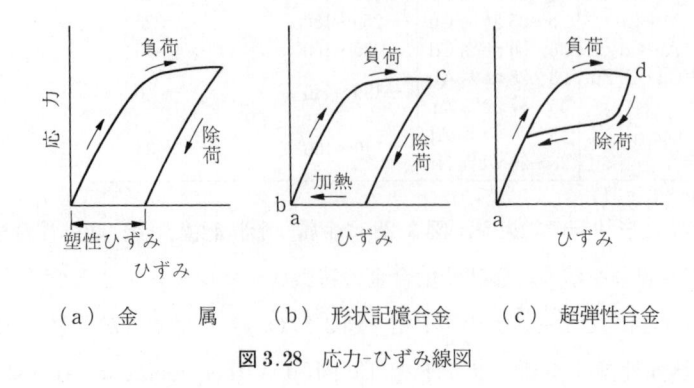

(a) 金 属　　(b) 形状記憶合金　　(c) 超弾性合金

図 3.28 応力-ひずみ線図

を加えると，加工誘起マルテンサイト変態（strain induced martensite transformation）が生じて超弾性状態〔同図(d)〕になるが，除荷するとオーステナイト相に戻るため，元の形状となる。

形状記憶合金には1方向性記憶のものと2方向性記憶のものがある。前者はM_s点以下の低温〔図3.27(b)〕で外力を加えて変形させた後〔同図(c)〕，高温にすると元の形〔同図(a)〕に戻るが，再び低温にしても以前の変形状態には戻らない。後者は，温度を上下するだけで，変形動作を可逆的に繰り返すことができる。

3.12.2 水素吸蔵合金

水素吸蔵合金（hydrogen storage material）は固体の状態で多量の水素を吸蔵し，再び放出できる合金である。水素吸蔵合金における水素の吸蔵と放出反応は次式で示される。

$$n\mathrm{H_2} + 2\mathrm{M} \rightleftarrows 2\mathrm{MH}_n + Q \tag{3.1}$$

機械エネルギー ↑ (圧力) — $n\mathrm{H_2}$（水素） ↓ 化学エネルギー

吸蔵（発熱）／放出（吸熱）　$2\mathrm{M}$（合金）

電気エネルギー ↑ (電気)　$2\mathrm{MH}_n$（水素化物）

熱エネルギー ↑ (熱)　Q

水素が合金に吸蔵・放出されるモデルを図3.29に示す。まず，吸蔵過程を述べる。水素分子（$\mathrm{H_2}$）が合金表面に吸蔵すると原子状水素（H）に解離し，同時に発熱（Q）する。このHは金属原子間の隙間に入り込み，内部へと拡散する。Hの濃度が一定値以上である領域は金属水素化物に相変化する。次に，水素の放出過程は吸蔵過程の逆を経る。すなわち，内部より追い出された

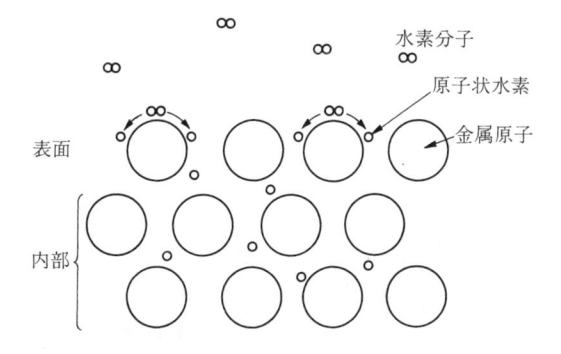

図3.29　水素の吸着と吸蔵

水素原子は合金表面で水素分子になり，合金外に放出され，同時に，合金表面では吸熱（Q）が起こる。

水素の吸蔵量は水素圧力と温度に依存する。図 3.30 は合金の水素濃度-水素圧力の等温線図である。水素圧を上げると合金の水素濃度は A から B へと上昇し，合金は固溶体（α 相）になる。BC 間では水素化物相（β 相）が形成される。BC 間の水素吸蔵過程に相当する水平部をプラトーという。CD 間では水素が β 相に固溶するため，水素圧は再び上昇する。水素の吸蔵過程 ABCD と放出過程 DC′B′A は異なっており，ヒステリシスを示す。

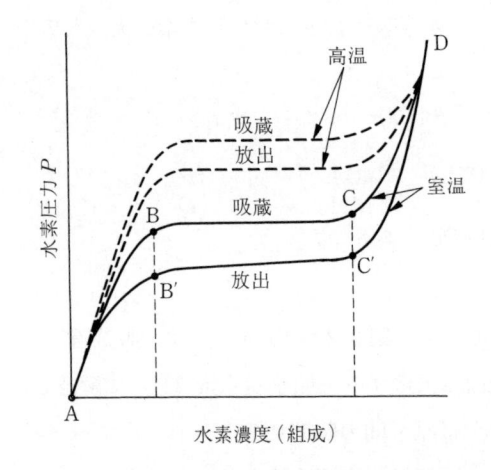

図 3.30 水素圧-水素濃度等温線図（室温，高温）

表 3.15 水素吸蔵合金の種類と性質

系	種類		水素量 [wt%]	解離圧 [MPa] (使用温度 [°C])	反応熱 [kJ/molH$_2$]
	合金	化合物			
ラーベス型	AB$_5$型 LaNi$_5$	LaNi$_5$H$_{6.0}$	1.4	0.4 (50)	-30.1
	M$_m$(Ni, Co, Mn, Al)$_5$	M$_m$Ni$_5$H$_{6.3}$	1.3	3.4 (50)	-26.4
		M$_m$Ni$_{4.7}$Al$_{0.5}$H$_{4.9}$	1.2	0.5 (50)	-29.7
	AB$_2$型 ZrMn$_2$	ZrMn$_2$H$_{3.46}$	1.7	0.1 (210)	-38.9
	TiMn$_{1.5}$	TiMn$_{1.5}$H$_{2.47}$	1.8	0.5〜0.8 (20)	-28.5
金属間化合物系	Ti-Fe	TiFeH$_{1.9}$	1.8	1.0 (50)	-23.0
	Ti-Co	TiCoH$_{1.4}$	1.3	0.1 (130)	-57.7
バナジウム固溶体系	V(Ti)	V$_{0.8}$T$_{0.2}$H$_{1.6}$	3.1	0.3〜1 (100)	-49.4
マグネシウム系	Mg$_2$Ni	Mg$_2$NiH$_{4.0}$	3.6	0.1 (250)	-64.4
	Mg	MgH$_2$	7.6	0.1 (290)	-74.5

M$_m$：ミッシュメタル（希土類金属混合物）

一般の実用合金では，常温付近で水素吸蔵が生じ，その上，適当な高温で速やかな水素放出を行う必要がある。表3.15に水素吸蔵合金の種類と諸性質を示す。これらの合金はいずれも粉末冶金法で作成する。

水素吸蔵合金は式(3.1)に示したように水素貯蔵・輸送用途に加え，エネルギー貯蔵・変換システムに利用されている。

3.12.3 超塑性合金

微細な結晶粒のBi-44％Sn合金（共晶），Zn-22％Al合金（共晶）などをゆっくりと高温で引っ張ると水あめのように1 000～2 000％の伸びを示す。これを金属の超塑性（superplasticity）という。表3.16に代表的な超塑性合金を示す。粒径10μm以上の微細結晶体を低ひずみ速度，高温（$T/T_m >$ 0.5以上）で塑性変形すると結晶粒界ですべりが発生し，超塑性が生じる。一般に，大きなm値（m value，ひずみ速度感性指数）ほど超塑性は大きくなる傾向を示す。

表3.16 代表的な超塑性合金

合金	伸び〔％〕	超塑性温度〔℃〕	m値
Al-33Cu	400	500	0.7
Al-11.7Si	500	550	0.5
Bi-44Sn	2 000	20	0.5
Cu-40Zn	450	900	0.6
Pb-38Sn	1 500	70	0.6
Zn-22Al	1 000	250	0.6
ステンレス鋼	1 000	980	0.5
Ti-6Al-4V	1 000	1 000	0.7

超塑性の現象を利用した加工を超塑性加工という。この加工法ではひずみ速度が低く，加工時間が長い。このため，工業生産を考える場合には結晶粒をできるだけ微細化して，ひずみ速度はできるだけ高く（10^{-3}/s以上），保持温度はできるだけ低くすることが必要である。現在，超塑性ブロー成形，超塑性接合（建築用構造材），超塑性鍛造成形（ピストンヘッド），超塑性インジェクション成形などの分野で工業的に使われている。

3.12.4 アモルファス合金

アモルファス合金（amorphous alloy）とは原子の配列がランダムな構造である合金をいい，溶けた合金を室温まで超急速に冷却することで作られる。合金の溶湯を冷却材であるロールに接触させれば，溶湯は超急冷（約 10^4 K/s 以上の冷却速度）される。この方法では幅 200 mm 以下，厚さ 50 μm 以下の板や細線，粉末が作られる。

$(Fe-Co-Ni)_{78}Si_8B_4$ 合金などのアモルファス合金は磁気特性に優れるため，変圧器，磁気ヘッド，変圧器鉄心，スイッチング電源部品，磁気センサなどに利用される。

現在では厚さ 30 mm のバルクアモルファス合金を冷却速度 1〜100 K/s の凝固法で作ることができる。

3.12.5 金属間化合物

金属間化合物の利用法は，①合金中の構成相である場合，②機能材である場合，③構造材である場合，の 3 種に分類される。まず①であるが，Fe_3C は炭素鋼中に構成相として分散する。金属間化合物の形状記憶という②の機能材に着目した TiNi はベース材として利用される。

金属間化合物を③の構造材として利用するためにはもろさの克服が必要である。TiAl の金属間化合物は軽量であり，1 100 ℃ の高温で強度に優れる。このため，TiAl は構造用軽量耐熱材料として航空，宇宙，自動車の分野で注目されている。

演 習 問 題

【3.25】 形状記憶合金の特徴を述べなさい。
【3.26】 水素化合物 $LaNi_5H_6$ における理論水素含有量〔wt%〕はいくらか。

3.13 高分子材料

高分子材料 (high polymer materials) は有機化合物 (organic compound) が重合して生成される高分子化合物であり，一般に，プラスチック (plastics) という。プラスチックはその構造によって，熱可塑性プラスチックと熱硬化性プラスチックに分類される。前者にはエンジニアリングプラスチック (engineering plastics, エンプラ) が含まれる。表 3.17 にプラスチックの分類を示す。ゴムは常温付近でゴム弾性を示す高分子材料の総称である。

表 3.17　プラスチックの分類

プラスチック	熱硬化性プラスチック		フェノール樹脂，尿素樹脂，メラミン樹脂 エポキシ樹脂，不飽和ポリエステル樹脂 シリコーン樹脂，ポリウレタン樹脂
	熱可塑性プラスチック		ポリ塩化ビニル樹脂 ポリエチレン樹脂，ポリプロピレン樹脂 ポリスチレン樹脂，ABC樹脂
	エンプラ	汎用エンプラ	ポリアミド樹脂 ポリアセタール樹脂 ポリカーボネート樹脂 ポリエチレンテレフタレート樹脂
		スーパエンプラ	ポリスルホン樹脂 ポリエーテルスルホン樹脂 ポリアクリレート樹脂 フッ素樹脂

3.13.1 熱可塑性プラスチック

熱可塑性プラスチック (thermoplastics) とは，加熱すると流動性をもち，冷却すると固体になり，これが可逆的に生ずるものをいう。このため，高温で成形すれば，その形状のまま常温使用ができる。さらに，付加重合で生成されるから，炭素が長い鎖状に共有結合しており，そこに O, N, Cl, S などを共有結合させることで，種々の性質が付加される。

表 3.18 に熱可塑性プラスチックの機械的性質，化学構造，用途を示す。比重は約 1 であるが，引張強さは 49 MPa 以下であるため，機械・構造用に使わ

表3.18 熱可塑性プラスチックの機械的性質，化学構造，用途例

プラスチック	化学構造	使用可能温度〔℃〕	密度〔g/cm³〕	引張強さ〔MPa〕	衝撃値〔J/m〕	用途例
ポリエチレン(高密度)	$-(CH_2-CH_2)_n-\overset{R}{CH}-$	120	0.125	20〜40	20〜750	容器，瓶，電気絶縁材(ケーブル)
ポリ塩化ビニル	$-[CH_2-\overset{\|}{\underset{Cl}{CH}}]_n-$	110	1.5	20〜50	50〜2 000	シート，建材，日用品，文具，発泡剤
ポリプロピレン	$-[CH_2-\overset{\|}{\underset{CH_3}{CH}}]_n-$	150	0.90	40	20〜120	繊維，耐熱パイプ，電気器具
ポリスチレン	$-[CH_2-\overset{\|}{\underset{C_6H_5}{CH}}]_n-$	100	1.1	80	30	透明成形品，建材，電気製品
アクリル	$-[CH_2-\overset{CH_3}{\underset{COOR}{\overset{\|}{C}}}]_n-$	110	1.2	80	120	装飾品，装身具，医療用，日用品
テフロン	$-[\overset{Cl}{\underset{Cl}{\overset{\|}{C}}}]_n-$	290	2.3	30	200	歯車，各種摺動部品，パッキン

れることは少ない．

〔1〕 **ポリエチレン樹脂**

ポリエチレン（polyethylene, PE）はエチレンを高温高圧下で重合して作られる．白色，半透明であるため，着色して薄いフィルム状に成形する．使用量はプラスチックの中で最も多い．

〔2〕 **ポリ塩化ビニル樹脂**

ポリ塩化ビニル（polyvinyl chloride, PVC）はアセチレンから気相法で，またエチレンからオキシ塩素化（oxychlorination）法で合成される．ポリ塩化ビニル樹脂は可塑剤を加えて加熱ゲル化させる方法で作られる．電気抵抗が大きく，ゴムのように老化しないため，チューブなどに加工される．優れた絶縁性と耐薬品性を示す．使用量はプラスチックの中で2番目に多い．

3.13 高分子材料

〔3〕 ポリプロピレン樹脂

ポリプロピレン（polypropylene, PP）はポリエチレンの水素をメチル基で置換したものである。強度はポリエチレンより高いが，延性は劣る。最も安価なプラスチックであり，3番目に多く使われる。

〔4〕 ポリスチレン樹脂

ポリスチレン（polystyrene）はスチレンのモノマーに過酸化ベンゾイルを少量加え，約 100 °C で重合させて作る。そのままでは延性がないため，ゴムなどを添加する。

〔5〕 フッ素樹脂

フッ素樹脂（fluoroplastics）は F を 1 原子以上含む高分子材料の総称である。耐熱，耐酸，耐アルカリ，耐溶剤性などに優れた性質をもつ。F 原子の割合が高いほど摩擦は小さく，自己潤滑性に優れる。テフロン（四フッ化エチレン樹脂，polytetrafluoroethylene, PTFE）はエチレンのすべての H を Cl に置換した高分子である。密度は他のプラスチックより高く，約 2.2 である。

3.13.2 工業用熱可塑性プラスチック（エンプラ）

エンプラは「自動車部品，機械部品，電気・電子部品のような工業用途に使用されるプラスチックであり，49 MPa 以上の引張強さと 2 MPa 以上の曲げ弾性率，100 °C 以上の耐熱性をもつもの」と，また，スーパエンプラは「耐熱性がさらに高く 150 °C 以上で長期に使用できるもの」と定義されている。**表 3.19** に代表的なエンプラの機械的性質，化学構造，用途を示す。

ナイロン（nylon, polyamides）はアミド基（-CONH-）を基本とする合成ポリアミドの総称である。ナイロン 6,6 はヘキサメチレンジアミンとアジピン酸の重合で作られる。6,6 は両原料の炭素数を示す。ナイロンは高温強度，延性，低摩擦，耐薬品性に優れるため，無潤滑歯車，軸受，衝撃を受ける部品などに使われる。

表3.19 エンプラの機械的性質，化学構造

プラスチック	化学構造	使用可能温度 [°C]	密度 [g/cm³]	引張強さ [MPa]	衝撃値 [J/m]
ポリアミド	ナイロン6	100	1.12～1.13		
	ナイロン6,6	150	1.13～1.15	62～83	107
ポリカーボネート		120	1.2		

3.13.3 熱硬化性プラスチック

一度成形されれば，再度高温にしても軟化しないプラスチックである。多くの熱硬化性プラスチック (thermosetting plastics) では，炭素原子が3次元の網状に共有結合する固体分子構造を呈し，その中の一部がO, N, S, Clなどと共有結合する。

表3.20に代表的な熱硬化性プラスチックの機械的性質，化学構造，用途を示す。

〔1〕 フェノール樹脂

代表的なフェノール樹脂 (phenol resin) はベークライトである。フェノールやクレゾールなどにホルマリンを反応させて作る。安価で優れた電気絶縁性がある。

〔2〕 エポキシ樹脂

エポキシ樹脂 (epoxy resin) とはエポキシ基を複数個もつエポキシドが硬化剤と反応してできた樹脂の総称である。優れた接着性を有するため，種々の接着剤が開発され，ジャンボジェット機やヘリコプタの機体に使われる。

表3.20 熱硬化性プラスチックの機械的性質，化学構造，用途例

プラスチック	化学構造	使用可能温度 [°C]	密度 [g/cm³]	引張強さ [MPa]	衝撃値 [J/m]	用途例
フェノール樹脂	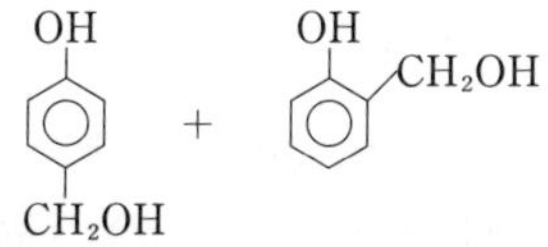 (構造式：フェノール + ベンジルアルコール)	150〜180	1.3	30〜60	10〜30	電気用コネクタ，ブレーキ部品，トランスミッション部品
エポキシ樹脂	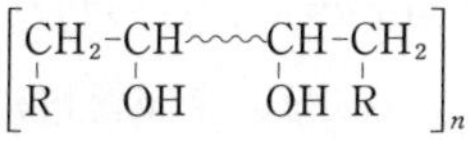 $[CH_2-CH\sim\sim CH-CH_2]_n$ $R\ OH\ \ OH\ R$	120〜260	1.0〜2.0	20〜800	10〜535	接着剤
メラミン	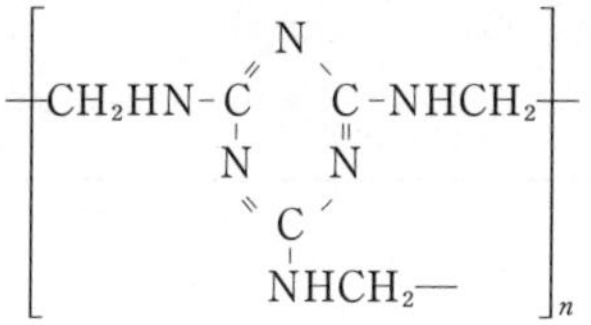 (メラミン構造式)	120	1.4〜1.5	35〜70	11〜28	食器，機械部品，塗料，接着剤

〔3〕 シリコーン樹脂

シリコーン樹脂（silicone resin）は有機ケイ素化合物の高縮合体である。Si-O の結合は著しい耐熱性を示す。図3.31 は油，ゴム，樹脂，ガラスの分子構造であり，CH_3/Si が大きいと油に，小さいと硬い樹脂になる。

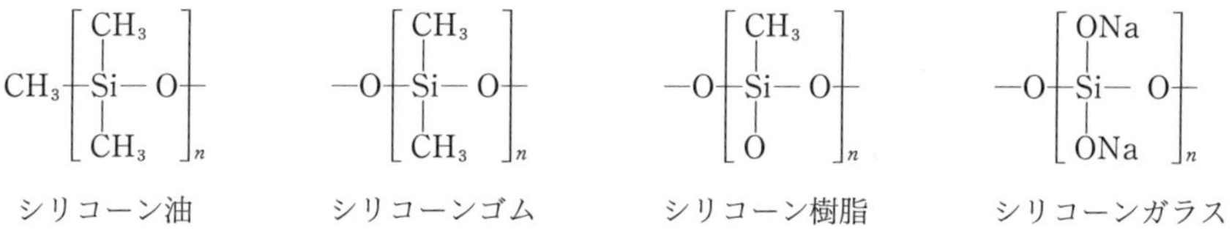

シリコーン油　　シリコーンゴム　　シリコーン樹脂　　シリコーンガラス

図3.31 シリコーン樹脂

演習問題

【3.27】 プラスチックが金属材料に比べて優れている点を考えなさい。

【3.28】 プラスチックスの種類を挙げ，その特徴を述べなさい。

3.14 セラミックス

セラミックス（ceramics）は無機非金属材料の総称である。身の回りにある陶磁器，花瓶，れんが，タイルなどは伝統的セラミックスに属する。近年，精製された無機材の微粉末あるいは超微粉末を原料に用いたセラミックスが開発されている。これはニューセラミックス（new ceramics），またはファインセラミックス（fine ceramics）であるが，機械材料に用いられる場合，エンジニアリングセラミックス（engineering ceramics）ともいわれる。表3.21にニューセラミックスの特性を示す。セラミックスは，金属材料に比べて，耐熱性，耐高温酸化・腐食性，高温強度に優れる。

表3.21 ニューセラミックスの特性

特性	アルミナ Al_2O_3	ジルコニア ZrO_2	炭化ケイ素 SiC	窒化ケイ素 Si_3N_4
比重	3.8	5.9	3.1	3.3
ビッカース硬さ H_V	2 000	1 300	2 400	2 500
曲げ強度〔GPa〕	0.5	1.0	1.0	0.5
破壊靱性〔MPa・$m^{1/2}$〕	4	4.5	2	1.5
弾性係数〔GPa〕	400	250	600	800
融点〔℃〕	2 050	2 500	2 220	
熱伝導率（室温）〔cal/cm・s・℃〕	0.10	0.005	0.2	0.03
線膨張係数（室温）〔$\times 10^{-6}$ ℃$^{-1}$〕	8	11	4	5

3.14.1 セラミックスの分類

セラミックスは化合物からなる。図3.32は化合物を結合特性から金属結合，共有結合，イオン結合に分類したものである。イオン結合が占める割合の多い化合物はアルカリハライド＞酸化物＞窒化物＞炭化物の順になる。イオン結合を最も多く含むNaFの場合，イオン結合は90％を占める。炭化物は共有結合に富む化合物であり，ダイヤモンドは共有結合100％である。

共有結合に富むセラミックスは構造材に適している。金属結合に富むセラミックスは機能材であり，特に，導電材に適する。また，イオン結合に富むセラミックスは変形しやすい絶縁材になる。図3.32の底辺中央部の酸化物は構造

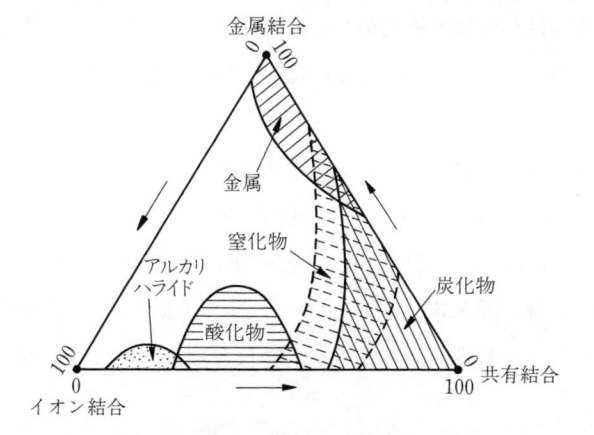

図 3.32　化合物の結合特性

材や機能材になる。各種セラミックスの電気陰性度とイオン結合あるいは共有結合との関係を図 3.33 に示す。酸化物セラミックスはイオン結合が強く，非酸化物セラミックスは逆に共有結合が強い。

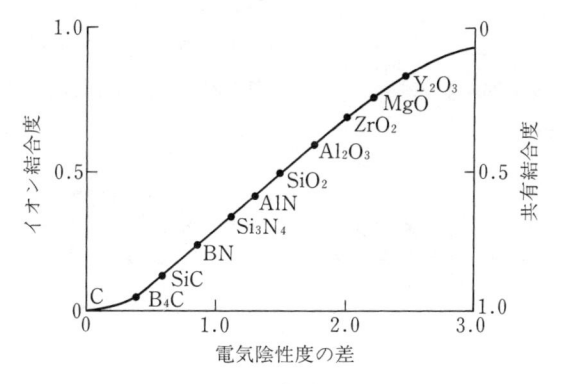

図 3.33　セラミックスの電気陰性度差とイオン結合度あるいは共有結合度との関係

3.14.2　セラミックスの結晶構造

イオン結晶におけるイオンの大きさは，陰イオン＞陽イオンである。このためイオン結晶では，陰イオンが作る面心立方格子，または稠密六方格子におけ

る四面体あるいは八面体の最大隙間に，陽イオンが入り込む結晶構造であることが多い。これに対し，共有結合の結晶では電子軌道の型で結晶構造が決まる。

多くのセラミックスにはケイ酸塩が含まれる。ケイ酸塩の主な構造単位は，図 3.34 に示すように，4 個の大きな酸素原子（O）が小さい 1 個のケイ素原子（Si）を均等に取り囲む形の SiO_4^- 正四面体（tetrahedra）である。この正四面体の保持力は，図 3.35 に示すように，イオン結合 $\rightleftarrows$ 共有結合の共鳴に基づく。しかし，各酸素の最外殻電子の数はどちらの場合も 7 個である。

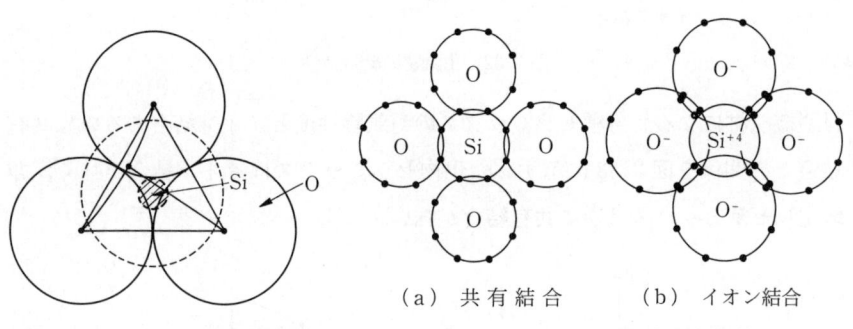

図 3.34　SiO_4^- の正四面体配列

(a) 共有結合　　(b) イオン結合

図 3.35　SiO_4^- 正四面体の結合状態

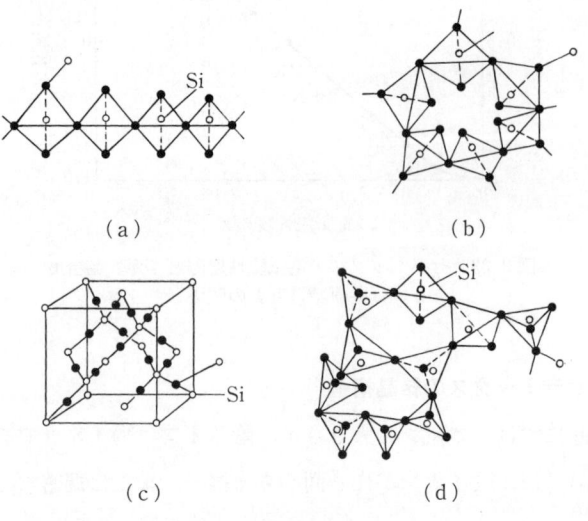

(a)　　(b)　　(c)　　(d)

図 3.36　SiO_4^- 正四面体の結合様式（● O，○ Si）

SiO$_4^-$ 正四面体の2頂点にある酸素原子が共有結合すると図 3.36(a)の鎖状構造に，また，3頂点の酸素原子が共有結合すると同図(b)の環状構造に，さらには，4頂点の酸素原子が共有結合すると同図(c)の立体構造になる。(a)はアスベスト（石綿）の繊維質を，(b)は滑石，雲母などの板状構造を，(c)は立方晶シリカの一つであるクリストバライト（cristobalite, SiO$_2$）の構造を示す。ガラスは SiO$_4^-$ 正四面体を基本とするが，その配列はランダムであり，非晶質（amorphous）となる。(d)にアモルファスシリカの構造を示す。

3.14.3　セラミックスの機械的性質

粉末冶金法で作られるセラミックスには微細な孔，き裂などの微小欠陥が数多く含まれる。さらに，セラミックスは硬脆材である。このため，セラミックスの強度は欠陥の種類，大きさ，形，分布などに依存して変わる。

原子間結合力は融点の高い材料ほど大きいから，セラミックスは硬く，かつ高い弾性率 E をもつ。例えば，ナイロンの $E=3$，鋼 200，ダイヤモンド 1 200，アルミナ 400 GPa である。ビッカース硬さは鋼の 200 に対し，ダイヤモンド 10 000，アルミナ 2 000 である。セラミックスは耐摩耗性に優れており，切削工具，研磨剤，摺動材などに利用されるが，塑性加工や機械加工は難しい。

セラミックスはき裂に敏感であるため，破壊靱性に劣る。図 3.37 に破壊靱性値 K_{IC} と温度の関係を示す。多くの場合，破壊靱性値 K_{IC} は温度に依存せず，粒界相の流動点あるいは融点近くで急に低下する。

熱衝撃（thermal shock）とは材料が表面と内部の温度差に起因する熱応力で破壊する現象をいう。セラミックスは弾性率 E，小さな熱伝導，高い弾性率の脆性材であるから，熱衝撃で容易に壊れる。熱衝撃抵抗は熱伝導率 κ，引張強さ σ_B，弾性線膨張係数 α からなる次式の熱衝撃係数（thermal shock index, TSI）で評価される。TSI が大きいセラミックスほど熱衝撃に優れる。

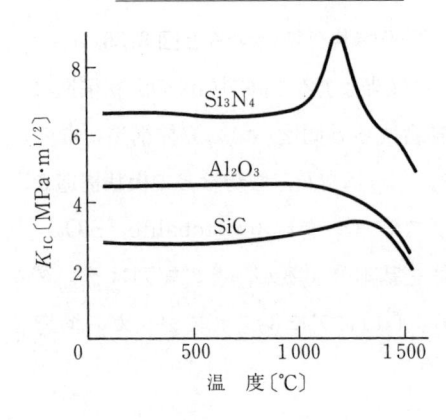

図 3.37 セラミックスの破壊靱性 K_{IC} と温度の関係

$$\mathrm{TSI} = \frac{\kappa \sigma_B}{E \alpha}$$

セラミックスは，金属と同じように，高温でクリープに起因して破壊することがある。一般に，クリープは融点の 1/3 以上の温度で起こる。セラミックスの融点は金属よりかなり高いので，クリープにおいてもセラミックスは金属より優れる。

演習問題

【3.29】 半径 r の 4 個の硬球を正四面体に配列するとき，内蔵できる最大球の半径を求めなさい。

【3.30】 セラミックスが破壊しやすい理由を述べなさい。

#　参　考　文　献

1) C. R. バレット，W. D. ニックス，A. S. テテルマン共著，井形直弘，堂山昌男，岡村弘之訳：材料科学 1，培風館 (1979)
2) 岡田勝蔵：コインから知る金属の話，アグネ技術センター (1997)
3) 渡辺慈朗，斎藤安俊：基礎金属材料，共立出版 (1979)
4) 横山　亨：図解 合金状態図読本，オーム社 (1974)
5) 平川賢爾，大谷泰夫，遠藤正浩，坂本東男：機械材料学，朝倉書店 (1999)
6) 幸田成康：金属物理学序論，コロナ社 (1962)
7) 須藤　一：機械材料学，コロナ社 (1985)
8) A. S. テテルマン，A. J. マッケヴィリー共著，宮本　博訳：構造材料の強度と破壊，培風館 (1975)
9) P. ハーゼン著，岸　輝雄，伊藤邦夫，大塚正久，栗林一彦共訳：金属強度の物理学，アグネ (1981)
10) 鈴木秀次監修：金属の強さ，アグネ (1972)
11) 鈴木秀次：転位論入門，アグネ (1974)
12) 日本金属学会編：格子欠陥と金属の機械的性質，丸善 (1967)
13) 加藤雅治：入門転位論，裳華房 (1999)
14) 木村　宏：材料強度の考え方，アグネ技術センター (1998)
15) ヴァン・ブラック著，渡辺亮治，相馬純吉共訳：材料科学要論，アグネ (1964)
16) 堂山昌男，小川恵一，北田正弘：21 世紀の材料研究，アグネ承風社 (1991)
17) 坂野久夫：ニューセラミックス，パワー社 (1984)
18) 日本材料科学会編：金属間化合物と材料，裳華房 (1995)
19) 金属材料活用辞典編集委員会編：金属材料活用辞典，産業調査会 (1999)
20) 太田定雄：フェライト系耐熱鋼，地人書館 (1998)
21) 佐藤知雄編：鉄鋼の顕微鏡写真と解説，丸善 (1979)
22) 矢島悦次郎，市川理衛，古沢浩一：若い技術者のための機械・金属材料，丸善 (1979)

演習問題の解答

以下に演習問題の略解を示す．ただし，本文中に解答が示されている問題については省略する．

【1.1】 $1s^2 2s^2 2p^6 3s^2 3p^6$

【1.2】 $Z=11$ より
$$E = -13.6 \times (11)^2/3^2 = -182.8 \,\text{eV}$$
計算では，M 殻の 3s 電子に対する，K 殻と L 殻の 10 個の電子による遮蔽効果が無視されているため．

【1.3】 $\displaystyle\int_\infty^r \frac{e^2}{r^2}\,dr = -\frac{e^2}{r}$

【1.4】 図1

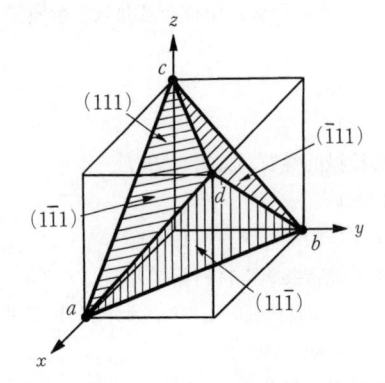

図1 {111} からなる正四面体

abc : (111)
abd : (11$\bar{1}$)
bcd : ($\bar{1}$11)
acd : (1$\bar{1}$1)

【1.5】 $d = \lambda/(2\sin\theta) = 0.154\,\text{nm}/(2\sin 22.35°) = 0.202\,\text{nm}$
$a = d \times (1^2+1^2+0^2)^{1/2} = 0.286\,\text{nm}$

【1.6】 α-Fe は bcc であり，単位胞には 2 個の原子が含まれる．
密度＝重量/体積
$= (55.85/6\times10^{23})\,\text{g} \times 2\,\text{原子}/(0.2866\times10^{-7})^3\,\text{cm}^3 = 7.9\,\text{g/cm}^3$

【1.7】 原子半径を r とすると
$a_{\text{fcc}} = 4r/2^{1/2}, \quad a_{\text{bcc}} = 4r/3^{1/2}$
原子当りの占有容積は単位胞体積/単位胞原子数である．
$V_{\text{fcc}} = (a_{\text{fcc}})^3/4, \quad V_{\text{bcc}} = (a_{\text{bcc}})^3/2$

bcc から fcc への容積変化は

$$(V_{fcc} - V_{bcc})/V_{bcc} = 0.081$$

【1.9】 $c = \exp\{-0.98 \times 1.6 \times 10^{-12}\,\mathrm{erg}/(1.38 \times 10^{-16}\,\mathrm{erg \cdot K^{-1}} \times 1\,336\,\mathrm{K})\}$
   $= \exp(-8.5)$
   $c = 2 \times 10^{-4} = 0.02\,\mathrm{at\%}$

【1.12】 $\mathrm{Cu_5Sn} = (1 \times 5 + 4 \times 1)/(5+1) = 3/2$
   $\mathrm{Cu_{31}Sn_8} = (1 \times 31 + 4 \times 8)/(31+8) = 21/13$
   $\mathrm{Cu_3Sn} = (1 \times 3 + 4 \times 1)/(3+1) = 7/4$

【1.13】 液相,固相のみを扱う凝縮系の場合,式(1.5)より,$F = -1$ となり不可能

【1.14】 図2

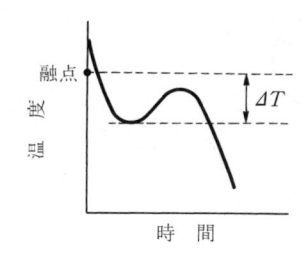

図2 急速冷却における冷却曲線

【1.15】 $N = N_A + N_B$ より
   $S_0 = k(\ln N! - \ln N_A! - \ln N_B!)$
   $= k(N \ln N - N - N_A \ln N_A + N_A - N_B \ln N_B + N_B)$
   $= k(N \ln N - N_A \ln N_A - N_B \ln N_B)$
   $= -Nk\{-\ln N + (N_A/N)\ln N_A + (N_B/N)\ln N_B\}$
   ここで,$C = N_A/N$,$1 - C = N_B/N$ を代入すると
   $S_0 = -Nk\{-\ln N + C \ln NC - (1-C)\ln(1-C)N\}$
   $= -Nk\{C \ln C + (1-C)\ln(1-C)\}$

【1.16】 $F_a = \mathrm{GC}$,$F_b = \mathrm{JE}$,$F = \mathrm{HD}$ とすれば,合金濃度 c の自由エネルギー F は
   $F = F_b + (F_a - F_b)\,\mathrm{DE/EC}$
   $= F_b + \mathrm{BK \cdot DE/EC}$
   $= \mathrm{JE + GK \cdot DE/EC}$
   $= \mathrm{MD + HM}$
   $= \mathrm{DH}$

【1.17】 A,B よりなる合金の wt% を W_A,W_B,at% を A_A,A_B,また原子量を M_A,M_B とすれば
   $A_B = 100 \times M_A W_B / \{M_A W_B + M_B(100 - W_A)\}$

$$W_B = 100 \times M_A A_B / \{M_A(100 - A_B) + M_B A_A)\}$$

【1.18】 最初に結晶を形成する領域は帯融領域の左側であり，ここでは不純物濃度が低い．逆に，不純物は帯融領域の右端が最も大きくなる．

【1.19】 図 1.39(a) の Y 組成において，α を β に置き換えた組成である．

【1.20】 ① $\alpha/\beta = (80-30)/(30-20) = 5/1$
　　　　初晶/共晶 $= (40-30)/(30-20) = 1/1$
　　　② $\alpha/\beta = (90-30)/(30-10) = 3/1$
　　　　共晶内の $\alpha/\beta = (90-40)/(40-10) = 5/3$

【1.21】 図 3

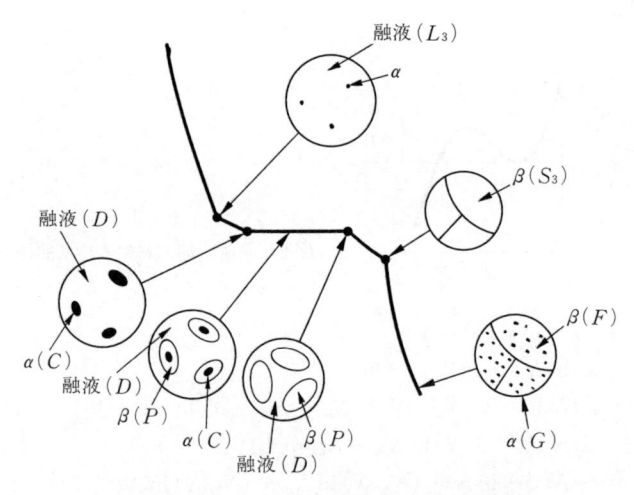

図 3　包晶型状態図の Z 組成における結晶組織

【1.22】 式(1.15)から，$J =$ 一定，
あるいは式(1.16)から
$$dc/dt = D d^2c/dx^2 = 0$$
であるから
$$dc/dx = A \quad (\text{一定})$$
したがって，$c = Ax + B$
すなわち，定常流では濃度 c は位置 x の 1 次式となる．

【1.23】 $C_0 = 0.3\%$，$C_s = 1.3\%$，$x = 1 \times 10^{-3}$ m，$t = 36 \times 10^3$ s，$D = 1.0 \times 10^{-10}$ m²/s より式(1.18)を用いて
$$C - 0.3 = (1.3 - 0.3)[1 - \mathrm{erf}\{1 \times 10^{-3}/2(1.0 \times 10^{-10} \times 36 \times 10^3)^{1/2}\}]$$
$$= 1 - \mathrm{erf}(0.0265) = 0.98$$

$c = 1.28\%$

【1.24】 式(1.25)より，臨界半径は

$r^* = 2 \times 0.15 \times 1\,356 / (21 \times 10^9 \times 200) = 1.9$ nm

臨界核の体積は

$V^* = 4\pi r^{*}/3$

原子1個の占める体積 V_a は格子定数 $a = 0.36$ nm の立方体に4個の原子が詰まっていることより

$V_a = a^3/4$

したがって

$n = V^*/V_a = 16\pi r^*/(3a^3) = 2\,462$ 個

【2.4】 加工硬化による内部ひずみ，偏析，残留応力の除去

【2.7】 ヤング率，剛性率，降伏応力，耐力，引張強さなど
（それぞれの意味については，2.1節を参照）

【2.9】 図1.14(a)の(111)面を示す正三角形（網掛け部分）の面積は，立方体の一辺（格子定数）を a とすると

$$\frac{1}{2}\sqrt{2}\,a \times \frac{\sqrt{3}}{2}\sqrt{2}\,a = \frac{\sqrt{3}}{2}a^2$$

である。一方，原子はその正三角形の辺の方向に互いに接しているから，原子半径を r とすると，$4r = \sqrt{2}\,a$ より $r = \sqrt{2}\,a/4$ である。正三角形内にある原子の個数は，$(1/2) \times 3 + (1/6) \times 3 = 2$ であるからその面積は $2 \times \pi r^2 = \pi a^2/4$ となる。よって原子密度は

$$\frac{\pi a^2/4}{\sqrt{3}\,a^2/2} = \frac{\pi}{2\sqrt{3}} \fallingdotseq 0.91$$

【2.10】 $\bm{b} = \dfrac{\sqrt{2}}{2}a\ [01\bar{1}]$

【2.11】 もし消滅すると，どのような不合理なことがおこるかを考えなさい。

【2.12】 ［2.11］と同

【2.13】 8 MPa（1.71 kgf/mm²）

【2.14】 ない，らせん転位には半平面がないから

【2.15】 半平面が同一の原子面上にくるような配列が安定

【2.24】 1次固溶体領域において，高温と低温における溶質金属の溶解度に大きな差があること

【2.25】 GP帯が，より安定な正規析出層に変化するため

【2.27】 図2.43参照

【2.29】 Crでは,酸化被膜が保護膜として作用するため

【3.1】 初析セメンタイト+パーライト
【3.3】 臨界冷却速度による表現など
【3.6】 合金元素の影響により,C原子の拡散移動速度が低下するため
【3.7】 CrおよびNi
【3.12】 C+Si量を少なくし,Mn量を多くする。冷却速度を上げる。
【3.24】 合金を加熱し油中に浸漬する。合金を油中に入れ低圧にする。
【3.26】 原子量は La=139, Ni=59, H=1 であるから
理論水素含有量=$1\times 6/(139\times 1+59\times 5+1\times 6)=1.4$ wt%
【3.29】 求める球の半径を x とすれば (図4)

$$\frac{r+x}{\sqrt{3}\,r}=\frac{\frac{2r}{\sqrt{3}}}{2\times\frac{\sqrt{2}}{\sqrt{3}}r}$$

$x=(6^{1/2}/2-1)\,r=0.224\,r$

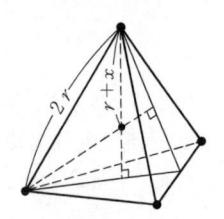

図4 正四面体を構成する4個の硬球(半径 r)に内蔵する最大球(半径 x)

索　引

【あ】

亜鉛当量	167
亜共析鋼	126
亜時効	151
アモルファス	11
アモルファス合金	184
アルミニウム青銅	169

【い】

イオン結合	7
永久磁石	141
液相線	39

【え】

エポキシ樹脂	188
エンジニアリングプラスチック	185
エントロピー	35
エンプラ	185, 187

【お】

黄銅	165
応力腐食割れ	156, 165
置割れ	165, 166
オーステナイト	69
オーステナイト化元素	134
オースフォーミング	108
オロワンのバイパス機構	110

【か】

回復	65, 97
改良処理	159
過共析鋼	126
拡散	54
拡散係数	55
拡散変態	99
核の形成速度	60
核の成長速度	61
核の変態速度	62
加工硬化	65, 94, 95
加工熱処理	108
過時効	110, 151
硬さ試験	73
可鍛鋳鉄	145
価電子	5
価電子濃度	26
過飽和固溶体	109
過冷	48

【き】

貴金属	116
菊目組織	145
規則格子	25
ギニエ-プレストン集合体	109
ギブズの相律	28
球状化焼なまし	129
球状黒鉛鋳鉄	145
キュプロニッケル	171
共晶	47
共晶反応型状態図	45
強靱鋳鉄	145
共析反応	53
共析変態	70
共有結合	7, 8
強力ステンレス鋼	141
キルド鋼	125
金属間化合物	26, 184
金属結合	7, 9
金属ろう	50

【く】

グライナー-クリンゲンシュタインの組織図	144
クラッド材	154
クリストバライト	193
クリープ	74

【け】

系	28
形状記憶合金	179
ケイ素鋼板	141
結晶	11
結晶核	30
結晶変態	20
結晶粒	16
結晶粒界	16, 22
原子核	1
原子間力	5

【こ】

恒温変態	105
恒温変態曲線	106
鋼塊	124
合金強化法	58
合金鋼	133
工具鋼	132, 137
硬鋼	127
格子欠陥	20
鉱石	124
構造用鋼	137, 138
高速度鋼	139
高張力鋼	138
高透磁率合金	141
降伏	64
降伏応力	64

高分子材料	185	浸炭法	113	耐 力	64
黒 鉛	142	深冷処理	103	多結晶	16
固相線	39			多孔質合金	178
コットレル効果	102	【す】		脱酸銅	165
コットレル雰囲気	101	水素吸蔵合金	181	タフピッチ銅	165
固溶強化	98	水素結合	7	単結晶	16
固溶体	24	水素病	165	弾性限	64
コルソン合金	171	スズ青銅	167	炭素当量	144
混合転位	83	ステンレス鋼	117,139		
		ストレッチャストレイン		【ち】	
【さ】			155	チタン合金	175
再結晶	65,97	すべり	77	窒化法	114
再結晶温度	65	すべりベクトル	82	鋳 鋼	125
材料設計	120			鋳 鉄	142
サーメット	119	【せ】		稠密六方晶	16,18
		整 合	151	超合金	119
【し】		青 銅	165	超硬合金	139
自硬鋼	135	青熱脆性	66	超ジュラルミン	111,154
時効硬化	108,150	成 分	28	超塑性合金	183
時効処理	69	精 錬	124	超弾性合金	179
自己焼なまし	170	析 出	47		
絞 り	64	析出強化	150	【て】	
自由エネルギー	32	析出硬化	108	低溶融金属	177
周期表	4	積層欠陥	19	てこの法則	41,42
自由度	28	赤熱脆性	139	転 位	22
ジュラルミン	154	セミキルド鋼	126	転位の上昇運動	88
主量子数	2	セメンタイト	70	転位のネットワーク	95
ショア硬さ	73	線欠陥	21	転位反応	92
衝撃試験	74	銑 鉄	124	転位ループ	84
焼結合金	178	全率固溶型状態図	42	電気双極子	10
焼 準	68			電気銅	165
焼 鈍	65,67	【そ】		電極電位	116
初 晶	43	双 晶	22	点欠陥	20
初析セメンタイト	126	組 成	28	電子化合物	27
初析フェライト	104,126	組成的過冷	48	電子空孔数	121
ショットピーニング	112	ソルバイト	130	テンパカーボン	147
ジョミニ試験	130				
徐冷脆化	170	【た】		【と】	
ジョンソン-メールの式	62	帯域溶融法	43	同素変態	20,29
シリコーン樹脂	189	体欠陥	23	特殊黄銅	167
シルミン	159	耐食性	140	特殊鋼	133
白鋳鉄	143	体心立方晶	16,19	トルースタイト	107
浸炭窒化法	115	耐熱材料	119		

【な】

鉛青銅	169
軟鋼	127

【に】

ニッケル合金	177
ニッケル青銅	171
ニューセラミックス	190

【ね】

ねずみ鋳鉄	143
熱可塑性プラスチック	185
熱間加工	66, 132
熱硬化性プラスチック	185, 188
熱衝撃	193
熱処理型合金	149
熱膨張曲線	105

【の】

伸び	64

【は】

灰色鋳鉄	143
パイエルス力	87
パウリの排他律	2
バーガースベクトル	85
刃状転位	82
パテンティング	108
ばね鋼	132
パーマロイ	142
パーライト	70, 105, 126

【ひ】

卑金属	116
ピーク時効	151
ひけ巣	125
ビッカース硬さ	73
引張試験	63, 73
引張強さ	64
ヒドロナリウム	159
非熱処理型合金	149

非平衡固相線	45
ヒューム-ロザリーの経験則	25
表面硬化法	112
表面焼入れ	112
比例限	64
疲労破壊	74

【ふ】

ファン・デル・ワールス結合	7, 10
フェノール樹脂	188
フェライト	69
フェライト化元素	134
不規則格子	25
腐食	115
フッ素樹脂	187
不動態	118
不動転位	91, 93
プラスチック	185
ブラッグの法則	13
フランク-リード源	94
ブリネル硬さ	73
分子結合	10

【へ】

平衡状態図	28
ベイナイト	105
ベインの変態機構	100
ベリリウム銅	171
偏晶型状態図	52
片状黒鉛	143
偏析	49

【ほ】

ホイスラー合金	172
砲金	168
包晶	50
包晶型状態図	50
ポリエチレン樹脂	186
ポリ塩化ビニル樹脂	186
ポリスチレン樹脂	187
ポリプロピレン樹脂	187

ホール-ペッチの関係	98

【ま】

マグネシウム合金	174
まだら鋳鉄	143
マルテンサイト	71, 99
マンガニン	171

【み】

ミラー指数	11

【む】

無拡散変態	99
無酸素銅	165
無定形物質	11

【め】

面欠陥	22
面心立方晶	16, 18

【も】

モース硬さ	73

【や】

焼入れ	68, 129
焼入れ性	129
焼なまし	128
焼ならし	129
焼戻し	68, 129
焼戻し脆性	138
焼戻し抵抗性	138
焼戻しの2次硬化	135
ヤング率	73

【ゆ】

有心組織	44, 45
遊離炭素	142

【よ】

溶体化処理	109
余分な半平面	82

【ら】

ラウタル	159
らせん転位	83
ラーベス相	27

【り】

リムド鋼	125
流動長	47
臨界せん断応力	78
臨界冷却速度	130
リン青銅	168

【れ】

冷間加工	66, 132
連続冷却状態図	105
連続冷却変態曲線	105

【ろ】

ローエックス	159
ロックウェル硬さ	73
六方用指数	11

α 鉄	69
A_3 変態	69
crystal	11
d 電子合金設計法	121
Fick の法則	55
γ 鉄	69
GP 帯	110, 151
$H\text{-}B$ 曲線	141
TTT 曲線	106
Y 合金	159

―― 著 者 略 歴 ――

吉岡正人（よしおか　まさと）
1967 年　東京大学工学部物理工学科卒業
1977 年　工学博士（東京大学）
1977 年　山梨大学助教授
1995 年　山梨大学教授
2003 年　山梨大学大学院教授
2010 年　山梨大学名誉教授

中山栄浩（なかやま　よしひろ）
1988 年　山梨大学工学部機械工学科卒業
1990 年　山梨大学大学院工学研究科修士
　　　　 課程修了（機械工学専攻）
1995 年　博士（工学）（東京工業大学）
1996 年　山梨大学助教授
2003 年　山梨大学大学院助教授
2007 年　山梨大学大学院准教授
2013 年　山梨大学大学院教授
　　　　 現在に至る

岡田勝蔵（おかだ　かつぞう）
1966 年　山梨大学工学部機械工学科卒業
1968 年　山梨大学大学院工学研究科修士課程修了
1980 年　工学博士（東京工業大学）
1980 年　山梨大学助教授
1990 年　山梨大学教授
2003 年　山梨大学大学院教授
2009 年　山梨大学名誉教授
2009 年　信州大学大学院特任教授
　　　　 現在に至る

機械の材料学入門
Introduction to Materials Science for Mechanical Engineers
© Masato Yoshioka, Katsuzo Okada, Yoshihiro Nakayama 2001

2001 年 9 月 7 日　初版第 1 刷発行
2014 年 2 月 25 日　初版第 10 刷発行

検印省略	著　者	吉　岡　正　人
		岡　田　勝　蔵
		中　山　栄　浩
	発 行 者	株式会社　コロナ社
		代 表 者　牛来真也
	印 刷 所	壮光舎印刷株式会社

112-0011　東京都文京区千石 4-46-10
発行所　株式会社　コロナ社
CORONA PUBLISHING CO., LTD.
Tokyo Japan
振替 00140-8-14844・電話(03)3941-3131(代)
ホームページ http://www.coronasha.co.jp

ISBN 978-4-339-04559-8　　（川田）　　（製本：グリーン）
Printed in Japan

本書のコピー，スキャン，デジタル化等の無断複製・転載は著作権法上での例外を除き禁じられております。購入者以外の第三者による本書の電子データ化及び電子書籍化は，いかなる場合も認めておりません。

落丁・乱丁本はお取替えいたします

機械系 大学講義シリーズ

（各巻A5判，欠番は品切です）

■編集委員長　藤井澄二
■編集委員　臼井英治・大路清嗣・大橋秀雄・岡村弘之
　　　　　　黒崎晏夫・下郷太郎・田島清灝・得丸英勝

配本順			頁	本体
1．(21回)	材料力学	西谷弘信著	190	2300円
3．(3回)	弾性学	阿部・関根共著	174	2300円
5．(27回)	材料強度	大路・中井共著	222	2800円
6．(6回)	機械材料学	須藤一著	198	2500円
9．(17回)	コンピュータ機械工学	矢川・金山共著	170	2000円
10．(5回)	機械力学	三輪・坂田共著	210	2300円
11．(24回)	振動学	下郷・田島共著	204	2500円
12．(26回)	改訂 機構学	安田仁彦著	244	2800円
13．(18回)	流体力学の基礎（1）	中林・伊藤・鬼頭共著	186	2200円
14．(19回)	流体力学の基礎（2）	中林・伊藤・鬼頭共著	196	2300円
15．(16回)	流体機械の基礎	井上・鎌田共著	232	2500円
17．(13回)	工業熱力学（1）	伊藤・山下共著	240	2700円
18．(20回)	工業熱力学（2）	伊藤猛宏著	302	3300円
19．(7回)	燃焼工学	大竹・藤原共著	226	2700円
20．(28回)	伝熱工学	黒崎・佐藤共著	218	3000円
21．(14回)	蒸気原動機	谷口・工藤共著	228	2700円
22．	原子力エネルギー工学	有冨・齊藤共著		
23．(23回)	改訂 内燃機関	廣安・寶諸・大山共著	240	3000円
24．(11回)	溶融加工学	大・中・荒木共著	268	3000円
25．(25回)	工作機械工学（改訂版）	伊東・森脇共著	254	2800円
27．(4回)	機械加工学	中島・鳴瀧共著	242	2800円
28．(12回)	生産工学	岩田・中沢共著	210	2500円
29．(10回)	制御工学	須田信英著	268	2800円
30．	計測工学	山本・宮城・辻共著／臼田・高		
31．(22回)	システム工学	足立・酒井共著／髙橋・飯國	224	2700円

定価は本体価格＋税です。
定価は変更されることがありますのでご了承下さい。

図書目録進呈◆

コンピュータダイナミクスシリーズ

(各巻A5判)

■日本機械学会 編

			頁	本体
1.	数値積分法の基礎と応用	藤川　猛 編著 清水信行	238	3300円
2.	非線形系のダイナミクス ―非線形現象の解析入門―	近藤・永井・矢ヶ崎 共著 藪野・吉沢	256	3500円
3.	マルチボディダイナミクス(1) ―基礎理論―	清水信行 共著 今西悦二郎	324	4500円
4.	マルチボディダイナミクス(2) ―数値解析と実際―	清水信行 編著 曽我部潔	272	3800円

加工プロセスシミュレーションシリーズ

(各巻A5判, CD-ROM付)

■日本塑性加工学会編

配本順			(執筆者代表)	頁	本体
1. (2回)	静的解法FEM―板成形		牧野内昭武	300	4500円
2. (1回)	静的解法FEM―バルク加工		森　謙一郎	232	3700円
3.	動的陽解法FEM―3次元成形		大下文則		
4. (3回)	流動解析―プラスチック成形		中野　亮	272	4000円

定価は本体価格+税です。
定価は変更されることがありますのでご了承下さい。

メカトロニクス教科書シリーズ

(各巻A5判，欠番は品切です)

■編集委員長　安田仁彦
■編集委員　末松良一・妹尾允史・高木章二
　　　　　　藤本英雄・武藤高義

配本順			頁	本体
1.（4回）	メカトロニクスのための**電子回路基礎**	西堀賢司著	264	3200円
2.（3回）	メカトロニクスのための**制御工学**	高木章二著	252	3000円
3.（13回）	**アクチュエータの駆動と制御（増補）**	武藤高義著	200	2400円
4.（2回）	**センシング工学**	新美智秀著	180	2200円
5.（7回）	**CADとCAE**	安田仁彦著	202	2700円
6.（5回）	**コンピュータ統合生産システム**	藤本英雄著	228	2800円
7.（16回）	**材料デバイス工学**	妹尾允史・伊藤智徳共著	196	2800円
8.（6回）	**ロボット工学**	遠山茂樹著	168	2400円
9.（17回）	**画像処理工学（改訂版）**	末松良一・山田宏尚共著	238	3000円
10.（9回）	**超精密加工学**	丸井悦男著	230	3000円
11.（8回）	**計測と信号処理**	鳥居孝夫著	186	2300円
13.（14回）	**光工学**	羽根一博著	218	2900円
14.（10回）	**動的システム論**	鈴木正之他著	208	2700円
15.（15回）	メカトロニクスのための**トライボロジー入門**	田中勝之・川久保洋二共著	240	3000円
16.（12回）	メカトロニクスのための**電磁気学入門**	高橋裕著	232	2800円

定価は本体価格+税です。
定価は変更されることがありますのでご了承下さい。

図書目録進呈◆

ロボティクスシリーズ

(各巻A5判)

- ■編集委員長　有本　卓
- ■幹　　　事　川村貞夫
- ■編集委員　石井　明・手嶋教之・渡部　透

配本順			頁	本体
1.（5回）	ロボティクス概論	有本　卓編著	176	2300円
2.（13回）	電気電子回路 ―アナログ・ディジタル回路―	杉田　山中　進彦 小　　西　克聡 共著	192	2400円
3.（12回）	メカトロニクス計測の基礎	石井　　明 木股　雅章 共著 金　　　透	160	2200円
4.（6回）	信号処理論	牧川方昭著	142	1900円
5.（11回）	応用センサ工学	川村貞夫編著	150	2000円
6.（4回）	知能科学 ―ロボットの"知"と"巧みさ"―	有本　卓著	200	2500円
7.	メカトロニクス制御	平井　慎一 坪内孝司 共著 秋下貞夫		
8.	ロボット機構学	永井　清著		
9.	ロボット制御システム	橋口　宏 有本　卓 共著		
10.	ロボットと解析力学	有本　卓 田原健二 共著		
11.（1回）	オートメーション工学	渡部　透著	184	2300円
12.（9回）	基礎　福祉工学	嶋本　教之 米川良孝 手相川佐 相谷貞 相糟訓朗 誠弘紀 共著	176	2300円
13.（3回）	制御用アクチュエータの基礎	川野　方誠 野田所川弘 早松浦 共著	144	1900円
14.（2回）	ハンドリング工学	平井慎一 若松栄史 共著	184	2400円
15.（7回）	マシンビジョン	石井　明 斉藤文彦 共著	160	2000円
16.（10回）	感覚生理工学	飯田健夫著	158	2400円
17.（8回）	運動のバイオメカニクス ―運動メカニズムのハードウェアとソフトウェア―	牧川方昭 吉田正樹 共著	206	2700円
18.	身体運動とロボティクス	川村貞夫編著		

定価は本体価格＋税です。
定価は変更されることがありますのでご了承下さい。

図書目録進呈◆

新コロナシリーズ

(各巻B6判，欠番は品切です)

			頁	本体
2.	ギャンブルの数学	木下栄蔵著	174	1165円
3.	音戯話	山下充康著	122	1000円
4.	ケーブルの中の雷	速水敏幸著	180	1165円
5.	自然の中の電気と磁気	高木相著	172	1165円
6.	おもしろセンサ	國岡昭夫著	116	1000円
7.	コロナ現象	室岡義廣著	180	1165円
8.	コンピュータ犯罪のからくり	菅野文友著	144	1165円
9.	雷の科学	饗庭貢著	168	1200円
10.	切手で見るテレコミュニケーション史	山田康二著	166	1165円
11.	エントロピーの科学	細野敏夫著	188	1200円
12.	計測の進歩とハイテク	高田誠二著	162	1165円
13.	電波で巡る国ぐに	久保田博南著	134	1000円
14.	膜とは何か ―いろいろな膜のはたらき―	大矢晴彦著	140	1000円
15.	安全の目盛	平野敏右編	140	1165円
16.	やわらかな機械	木下源一郎著	186	1165円
17.	切手で見る輸血と献血	河瀬正晴著	170	1165円
19.	温度とは何か ―測定の基準と問題点―	櫻井弘久著	128	1000円
20.	世界を聴こう ―短波放送の楽しみ方―	赤林隆仁著	128	1000円
21.	宇宙からの交響楽 ―超高層プラズマ波動―	早川正士著	174	1165円
22.	やさしく語る放射線	菅野・関共著	140	1165円
23.	おもしろ力学 ―ビー玉遊びから地球脱出まで―	橋本英文著	164	1200円
24.	絵に秘める暗号の科学	松井甲子雄著	138	1165円
25.	脳波と夢	石山陽事著	148	1165円
26.	情報化社会と映像	樋渡涓二著	152	1165円
27.	ヒューマンインタフェースと画像処理	鳥脇純一郎著	180	1165円
28.	叩いて超音波で見る ―非線形効果を利用した計測―	佐藤拓宋著	110	1000円
29.	香りをたずねて	廣瀬清一著	158	1200円
30.	新しい植物をつくる ―植物バイオテクノロジーの世界―	山川祥秀著	152	1165円
31.	磁石の世界	加藤哲男著	164	1200円
32.	体を測る	木村雄治著	134	1165円

			頁	本体
33.	洗剤と洗浄の科学	中西茂子著	208	1400円
34.	電気の不思議 ―エレクトロニクスへの招待―	仙石正和編著	178	1200円
35.	試作への挑戦	石田正明著	142	1165円
36.	地球環境科学 ―滅びゆくわれらの母体―	今木清康著	186	1165円
37.	ニューエイジサイエンス入門 ―テレパシー,透視,予知などの超自然現象へのアプローチ―	窪田啓次郎著	152	1165円
38.	科学技術の発展と人のこころ	中村孔治著	172	1165円
39.	体を治す	木村雄治著	158	1200円
40.	夢を追う技術者・技術士	CEネットワーク編	170	1200円
41.	冬季雷の科学	道本光一郎著	130	1000円
42.	ほんとに動くおもちゃの工作	加藤孜著	156	1200円
43.	磁石と生き物 ―からだを磁石で診断・治療する―	保坂栄弘著	160	1200円
44.	音の生態学 ―音と人間のかかわり―	岩宮眞一郎著	156	1200円
45.	リサイクル社会とシンプルライフ	阿部絢子著	160	1200円
46.	廃棄物とのつきあい方	鹿園直建著	156	1200円
47.	電波の宇宙	前田耕一郎著	160	1200円
48.	住まいと環境の照明デザイン	饗庭貢著	174	1200円
49.	ネコと遺伝学	仁川純一著	140	1200円
50.	心を癒す園芸療法	日本園芸療法士協会編	170	1200円
51.	温泉学入門 ―温泉への誘い―	日本温泉科学会編	144	1200円
52.	摩擦への挑戦 ―新幹線からハードディスクまで―	日本トライボロジー学会編	176	1200円
53.	気象予報入門	道本光一郎著	118	1000円
54.	続もの作り不思議百科 ―ミリ,マイクロ,ナノの世界―	JSTP編	160	1200円
55.	人のことば,機械のことば ―プロトコルとインタフェース―	石山文彦著	118	1000円
56.	磁石のふしぎ	茂吉・早川共著	112	1000円
57.	摩擦との闘い ―家電の中の厳しき世界―	日本トライボロジー学会編	136	1200円
58.	製品開発の心と技 ―設計者をめざす若者へ―	安達瑛二著	176	1200円

定価は本体価格+税です。
定価は変更されることがありますのでご了承下さい。

図書目録進呈◆

機械系教科書シリーズ

(各巻A5判)

■編集委員長　木本恭司
■幹　　　事　平井三友
■編集委員　青木　繁・阪部俊也・丸茂榮佑

配本順				頁	本体
1.	(12回)	機 械 工 学 概 論	木 本 恭 司 編著	236	2800円
2.	(1回)	機 械 系 の 電 気 工 学	深 野 あづさ 著	188	2400円
3.	(20回)	機 械 工 作 法（増補）	平井 田中 三任 友弘 弘義 久春 共著	208	2500円
4.	(3回)	機 械 設 計 法	塚本 朝比奈 黒田 山口 古荒 吉井 浜村 三晃 奎純 誠斎 克恵 徳洋 孝己 健正 共著	264	3400円
5.	(4回)	シ ス テ ム 工 学		216	2700円
6.	(5回)	材 料 学	久樫 保井 原 克徳 恵蔵 共著	218	2600円
7.	(6回)	問題解決のための Ｃ プ ロ グ ラ ミ ン グ	佐中 藤村 次理 男郎 共著	218	2600円
8.	(7回)	計 測 工 学	前木 押田 村田 良一 至州 昭郎 啓秀 雅也 之雄 共著	220	2700円
9.	(8回)	機 械 系 の 工 業 英 語	牧野 高橋 阪部 生 晴俊 榮恭 共著	210	2500円
10.	(10回)	機 械 系 の 電 子 回 路	丸本 茂 佑司 共著	184	2300円
11.	(9回)	工 業 熱 力 学	薮伊 本藤 藤田 忠 司惇 民悼 共著	254	3000円
12.	(11回)	数 値 計 算 法	井木 田本 山崎 友浩 男司 明夫義 共著	170	2200円
13.	(13回)	熱エネルギー・環境保全の工学	松今 下城 田本 口石 村山 雄彦 光雅 共著	240	2900円
14.	(14回)	情 報 処 理 入 門 ─情報の収集から伝達まで─	坂坂 田明 吉来 内山 紘剛 夫誠 靖 共著	216	2600円
15.	(15回)	流 体 の 力 学		208	2500円
16.	(16回)	精 密 加 工 学		200	2400円
17.	(17回)	工 業 力 学	青 木 繁 著	224	2800円
18.	(18回)	機 械 力 学	中 島 正 貴 著	190	2400円
19.	(19回)	材 料 力 学	越老 智敏 固潔 本本 部田 川 明一 俊賢 恭弘 順明 洋一 男彦 共著	216	2700円
20.	(21回)	熱 機 関 工 学		206	2600円
21.	(22回)	自 動 制 御	吉阪 飯早 樂矢 重大 野松 高 勝 共著	176	2300円
22.	(23回)	ロ ボ ッ ト 工 学		208	2600円
23.	(24回)	機 構 学		202	2600円
24.	(25回)	流 体 機 械 工 学	小 池 勝 著	172	2300円
25.	(26回)	伝 熱 工 学	丸矢 茂尾 牧野 榮匡 佑永 秀 共著	232	3000円
26.	(27回)	材 料 強 度 学	境 田 彰 芳 編著	200	2600円
27.	(28回)	生 産 工 学 ─ものづくりマネジメント工学─	本昔 位田 川 光重 健多 郎 共著	176	2300円
28.		Ｃ Ａ Ｄ ／ Ｃ Ａ Ｍ	望 月 達 也 著		

定価は本体価格+税です。
定価は変更されることがありますのでご了承下さい。

図書目録進呈◆